COURS D'AGRICULTURE PRATIQUE

PROFESSÉ

Par M. GAUCHERON,

Membre de la Société d'Agriculture, Sciences, Lettres et Arts d'Orléans,
Professeur de Chimie agricole du Comice d'Orléans;

PUBLIÉ

Sous les auspices du Conseil général du département du Loiret et du Comice de l'arrondissement d'Orléans;

ET RÉDIGÉ PAR

M. A. COTELLE,

Secrétaire du Cours de Chimie agricole & du Cours d'Agriculture.

TOME II.

ENGRAIS.

OFFERT PAR LE COMICE D'ORLÉANS A SES SOUSCRIPTEURS.

PARIS,
COTELLE et Cie, Éditeurs,
rue J.-J. Rousseau, 3.

ORLÉANS,
chez tous les Libraires.

MDCCCLXIII.

COURS

D'AGRICULTURE PRATIQUE

PROFESSÉ

Par M. GAUCHERON,

Membre de la Société d'Agriculture, Sciences, Lettres et Arts d'Orléans,
Professeur de Chimie agricole du Comice d'Orléans;

PUBLIÉ

Sous les auspices du Conseil général du département du Loiret et du Comice de l'arrondissement d'Orléans;

ET RÉDIGÉ PAR

M. A. COTELLE,

Secrétaire du Cours de Chimie agricole & du Cours d'Agriculture.

TOME II.

PARIS,
COTELLE et Cie, Éditeurs,
rue J.-J. Rousseau, 3.

ORLÉANS,
chez tous les Libraires.

MDCCCLXIII.

ORLÉANS. — IMP. D'ÉMILE PUGET ET Cie, RUE VIEILLE-POTERIE, 9.

COURS

D'AGRICULTURE PRATIQUE

CHAPITRE PREMIER.

Des Engrais en général.

Parmi les moyens d'améliorer le sol, il n'en est pas de plus avantageux que l'emploi des Engrais. Ces substances, aujourd'hui si nombreuses, si différentes par leur aspect et leurs propriétés, forment, avec le capital, la plus précieuse ressource du cultivateur. Leur usage lui permet d'abord de maintenir au sol sa fertilité acquise et d'en accroître encore la production. Cela suffit pour prouver l'intérêt immense qu'a le praticien à bien connaître les propriétés et la valeur des Engrais. Cette connaissance doit le conduire à les employer avec intelligence et lui permettre d'en tirer tout le parti possible. Les Engrais forment donc la base de la culture de nos champs et sont pour nos récoltes des aliments forcés et nécessaires. Que le cultivateur se persuade bien qu'il lui serait tout aussi impossible d'élever et d'entretenir son bétail sans lui donner à manger, que de cultiver avec bénéfice, sans fournir au sol, les Engrais qui apportent les aliments nécessaires au développement des récoltes. Quoique la pratique de tous les temps ait appris à l'homme des champs la nécessité de l'emploi des Engrais pour avoir des récoltes lucratives, cette nécessité, ou tout au moins, le rôle important de ces substances est encore loin d'être bien compris par la généralité des cultivateurs. Aussi notre premier soin sera-t-il de chercher d'abord à établir ici cette nécessité, de manière à ce qu'il n'existe plus à cet égard aucun doute dans l'esprit du praticien.

Que le cultivateur se pénètre bien de cette idée, qu'il cherche à bien se convaincre de cette vérité : que les plantes sont des êtres vivants qui naissent, qui grandissent et qui meurent tout comme les hommes et les animaux. Or, nos récoltes, soit de blé, soit d'avoine, etc., pour qu'elles vivent et qu'elles grandissent, ont besoin de prendre de la nourriture, et c'est le sol qui leur en fournit la majeure partie.

Il résulte donc de cette vérité, qu'après chaque moisson, le champ qui lui a donné naissance doit perdre et a perdu une certaine quantité de ses principes nutritifs enlevés par la récolte. Cela est tellement vrai, que si l'on cherche à développer sur ce champ, sans addition d'engrais, c'est-à-dire de substances nutritives, une nouvelle récolte, elle est généralement moins bonne que la première, et si l'on continuait ainsi pendant plusieurs années, on ne tarderait point à épuiser le sol de tous ses principes nutritifs, et à le rendre même improductif. Ajoutons qu'alors ni les travaux du sol, qui sont si utiles à la végétation, tels que labours et autres, ni les amendements, si nécessaires dans certains cas, rien ne peut plus suppléer à l'addition des Engrais, qui doivent contenir les substances nutritives, base de la nourriture des récoltes. Nous venons donc d'établir la nécessité d'apporter au sol des matières qui fournissent aux récoltes les aliments dont elles ont besoin ; mais cela ne suffit pas. Car, de même que pour bien nourrir ses bestiaux et pour en obtenir le plus de produits possibles, le cultivateur recherche avec soin quels sont les aliments qui leur conviennent le mieux, de même, pour obtenir de son champ le plus de récoltes possibles, il doit rechercher avec intelligence les matières qui conviendront le mieux à l'alimentation de ses récoltes ; celles qui, en un mot, pourront lui donner le plus de rendement, suivant l'expression familière.

Ceci nous conduit à rechercher d'abord et à indiquer ensuite aux cultivateurs quelles sont les matières qui conviennent le mieux à l'alimentation des récoltes.

S'il nous est facile de consulter le goût des animaux lorsqu'il s'agit de savoir quelle est l'alimentation qui leur convient le mieux, il n'en est pas tout à fait de même pour les plantes. Malgré cette difficulté, les matières qui concourent le plus au développement des récoltes nous sont aujourd'hui parfaitement connues, grâce aux efforts combinés de la science et de la pratique. Mais avant de les indiquer au praticien, il faut d'abord lui révéler comment on a en quelque sorte surpris les goûts des plantes qui forment la base des récoltes, afin qu'il se persuade bien que les corps que nous allons lui faire connaître sont bien ceux qui conviennent le mieux à leur développement.

Nous savons tous que si nous prenons une petite portion desséchée d'une récolte quelconque, soit blé, soit pommes-de-terre, betteraves ou foin, et que nous y mettions le feu, ces matières s'enflammeront, et en brûlant elles donneront naissance à de la fumée et laisseront une portion très-faible d'une matière incombustible que nous appelons *cendres*.

Ce simple fait, qui ne fait doute pour personne, va nous permettre d'établir quels sont les besoins de nos plantes.

Nous voyons, en effet, que pour vivre et pour se développer, elles ont pris au sol une matière qui brûle et une qui ne brûle pas. La matière qui brûle et qui donne de la fumée est formée de vapeur d'eau et d'un composé contenant de l'azote : elle n'est autre que l'humus ou terreau du champ qui, modifié par les lois naturelles de la végétation, est venu former la majeure partie de la récolte.

La matière qui ne brûle pas et qu'on désigne sous le nom de *cendres,* est une substance minérale qui représente une portion de la partie terreuse du sol, qui, elle aussi, a nourri les récoltes et qui se compose principalement des corps suivants :

Silice ou sable ;
Phosphate de chaux ou autres phosphates ;
Sels de potasse et de soude (ou sels alcalins) ;
Sels de chaux.

Puisque telles sont les principales matières terreuses du sol dont nos récoltes ont besoin pour se nourrir, nous pouvons avec certitude indiquer au cultivateur que les éléments du sol, qui fournissent à nos récoltes la vie et le développement, sont les suivants :

Humus, corps qui fournit de l'azote ,

Phosphates, composés fournissant de l'acide phosphorique ;

Sels de potasse et de soude.

Nous omettons avec intention ici la silice ou sable et les sels de chaux, dont nous avons parlé plus haut. En effet, nous avons indiqué déjà que, pour qu'un sol soit propre à la culture des plantes usuelles, il devait avant tout contenir du sable et du calcaire.

Ceci établi, il nous reste encore à signaler à la culture certains faits qu'elle a le plus grand intérêt à connaître. Quoique les éléments minéraux que nous avons signalés forment la base de l'alimentation générale de nos récoltes, nous voyons les proportions de ces éléments varier en quelque sorte suivant les goûts des plantes que nous cultivons. C'est ainsi que les cendres des grains de blé contiennent proportionnellement plus de phosphates que les graines de luzerne; que les cendres des pommes-de-terre et des betteraves sont très-riches en potasse, tandis que la chaux prédomine dans les récoltes de trèfle et de luzerne.

Ces variantes, que nous trouvons dans les éléments nutritifs de nos récoltes, peuvent nous surprendre au premier abord, mais une explication simple fait aisément comprendre pourquoi il en est ainsi.

Les animaux que nous voyons tous les jours et qu'entretient le cultivateur, appartiennent à des espèces bien differentes, et il ne nous paraît pas surprenant qu'ils exigent aussi une nourriture différente. Nous savons très-bien que la nourriture qui convient aux animaux de basse-cour n'est pas tout à fait la même que celle qui est nécessaire aux animaux de travail. Eh bien ! de même, les plantes qui forment le contingent de nos récoltes appartiennent à des espèces distinctes qui présentent entre elles des caractères tranchés ; elles sont, en outre, destinées à nourrir des animaux qui n'ont pas tous les mêmes besoins. Il n'est donc pas étonnant que leur nourriture varie et ne soit pas identiquement la même. Ne nous étonnons donc plus alors de voir le blé rechercher avec avidité les phosphates, et les topinambours préférer les alcalis, tandis que le foin et la luzerne aimeront mieux la chaux.

La connaissance de ces faits est de la plus haute portée pour la pratique. Elle fait comprendre au cultivateur que, s'il veut avoir une bonne récolte de blé, il devra donner à son champ des engrais riches en phosphates, et que, pour avoir une belle récolte de topinambours ou de betteraves, il lui faudra des engrais riches en alcalis ; qu'enfin les terrains sur lesquels se développeront le mieux les prairies artificielles, sainfoin et luzerne, seront ceux qui contiendront une proportion notable de calcaire. Bref, comme règle générale à suivre dans l'application des engrais, nous établirons que le meilleur engrais d'une récolte sera celui qui sera fait avec les détritus mêmes de cette récolte.

Si l'on suivait dans la pratique cette loi naturelle, il faudrait rendre aux prés le fumier des bœufs et des vaches qu'ils ont nourris; aux champs de blé, les déjections de l'homme, telles que la poudrette; aux champs qui ont fourni des récoltes de betteraves ou de pommes-de-terre, les fumiers des animaux qu'on nourrit avec leur pulpe; aux vignes, les feuilles, les marcs de raisin, les lies de vin, les rinçures de futailles, les cendres du sarment ou des souches de la vigne, et aux jardins maraîchers, les boues de villes, qui sont riches en détritus de légumes de toute nature. Mais si le cultivateur n'est pas toujours à même d'agir ainsi, il n'en doit pas moins chercher à imiter la nature toutes les fois qu'il le pourra, et profiter ainsi de ses bienfaisants enseignements.

Valeur des engrais.

Si nous nous reportons par la pensée au milieu d'une ferme en bon état de culture, il nous sera facile de voir que les produits divers que donne le sol, tels que grains de toute nature, fourrages de toute espèce, viande, laines et lait, sont autant de corps formés par les éléments nutritifs du sol; qu'en un mot, ils doivent leur formation à l'humus, à l'azote, aux phosphates et aux alcalis de la terre. Mais tous ces produits ne sont point consommés à la ferme; la majeure partie en est exportée vers les villes pour nourrir les populations et servir à différents travaux industriels. Il résulte de ceci que le fumier ou engrais naturel de la ferme devient insuffisant pour restituer au sol la totalité des éléments qui lui ont été enlevés.

Aussi le praticien qui comprend cette vérité, sent-il la nécessité d'avoir recours aux engrais commerciaux dont le nombre s'accroît tous les jours et qui présentent tant de variantes, au double point de vue de leur valeur fertilisante, et du prix auquel on les livre à l'agriculture.

Ce qui doit d'abord préoccuper le cultivateur, c'est certainement la valeur fertilisante de ces corps; ensuite il doit acquérir cette valeur au mieux de ses intérêts. Or la vertu d'un engrais, on le comprend facilement, sera généralement en raison directe de la quantité des principes qui seront pour nos récoltes les aliments dont elles ont besoin, ou, si l'on aime mieux, en raison de la quantité d'humus, d'azote, de phosphate et de sels de potasse ou de soude que contiendra l'engrais. Le cultivateur, il est vrai, peut se renseigner facilement, sur ce premier point, par l'analyse. L'analyse en effet détermine avec exactitude le poids de chacune des matières utiles à la végétation que peut contenir un engrais.

Nous savons qu'aujourd'hui, dans bien des localités, l'Administration, dans le but de sauvegarder les intérêts des cultivateurs, oblige les marchands d'engrais à leur fournir cette analyse avec garantie. Mais cette analyse, le cultivateur a besoin de bien la comprendre, car elle ne porte que sur des poids qui sont des quantités matérielles déterminées et non sur des volumes ou des mesures dont le poids peut varier.

Puis, parmi les engrais commerciaux, les uns se vendent au poids, comme le guano, quand d'autres, et c'est le plus grand nombre, se vendent à l'hectolitre, comme les noirs et la poudrette. Si donc on nous vend 100 kilos de guano sur analyse garantie, il faudra nous préoccuper de l'humidité que contient cet engrais et nous en faire rendre compte par le vendeur. L'humidité, en effet, pouvant varier, nous induirait en erreur sur la réalité des éléments fertilisants contenus dans cet engrais.

Si l'engrais qu'on nous offre se vend à l'hectolitre, comme par exemple les noirs, nous devrons encore nous préoccuper de l'humidité qui peut être variable ; mais nous devrons aussi tenir compte du poids de l'hectolitre ; car si pour un noir on nous présente, comme garantie d'analyse, 60 °/o de phosphate de chaux, sachons bien que cela veut dire : *que 100 kilos d'un pareil noir desséché contiennent 60 °/o de phosphate*, et non pas que l'hectolitre qu'on nous vend contient 60 kilos de phosphate. Renseigné sur la valeur fertilisante de l'engrais, le cultivateur doit encore rechercher ces matières fertilisantes aux prix les plus avantageux. Nous comprenons facilement qu'en matière commerciale il est presque impossible d'établir d'une manière rigoureuse les prix des matières fertilisantes, mais nous pouvons établir des chiffres approximatifs qui guideront l'acheteur de la campagne.

Le prix ordinaire des matières fertilisantes est à peu près le suivant :

Matières organiques formant de l'humus, non compris l'azote, le kil......	0 f. 01 c.
Phosphate de chaux..............	» 20
Sels de potasse et de soude ou sels alcalins ensemble..................	» 50
Azote de 1 fr. 50 à 2 fr. le kil., soit en moyenne.......................	1 75

A l'aide de ces chiffres et de l'analyse, qui en sera donnée, le cultivateur pourra à peu près établir le prix de l'engrais qui lui sera offert; car si nous supposons un engrais quelconque donnant à l'analyse les chiffres suivants sur 100 kil.

Humidité.....	10 kil.		
Mat. organiq.	50	à 1 cent. le kil..	0 f. 50 c.
Phosp. de ch.	20	à 20 cent......	4 »
Sels alcalins.	6	à 50 cent......	3 »
Azote.......	5	à 1 f. 75 c.....	8 75
Résidus.....	9		
	100 kil.		16 f. 25 c.

Nous avons pour prix de l'engrais, les 100 kil., 16 fr. 25 c.

Classification des Engrais.

Nous allons maintenant étudier les principaux engrais et leurs propriétés, renseigner le praticien sur leur valeur et sur l'emploi qui en sera le plus avantageux.

Nous désignerons d'abord sous le nom d'*Engrais* toute matière quelle que soit son origine, pourvu qu'introduite dans le sol ou répandue à sa surface, elle apporte au sol des éléments qui nourriront les récoltes ou en faciliteront le développement. Mais avant de commencer, comme toute étude a besoin de méthode, nous allons chercher à classer les engrais, les rapprocher le plus possible les uns des autres par quelques-unes de leurs propriétés ou de leurs caractères. Bien des classifications d'engrais ont déjà été faites, et avant d'en adopter une, il n'est pas sans intérêt d'examiner quelques-unes de celles qui ont été proposées.

1° On a d'abord classé les engrais en deux grandes catégories :

Les Amendements ;
Les Engrais.

Cette première division est des plus simples, mais nous allons voir qu'elle est loin d'être parfaite, car le calcaire se trouve rangé dans les amendements.

Or cette substance minérale est tantôt un engrais, tantôt un amendement, selon le rôle qu'elle remplira. Si, en effet, nous mettons dans un sol qui n'en contient pas du calcaire qui est indispensable pour lui faire produire des récoltes, alors le calcaire pourra être considéré comme un engrais. Mais si, au contraire, nous le mettons dans un sol argileux et compacte, qui en contient déjà, nous ne devons plus le considérer comme un engrais, mais bien comme un amendement. Le seul but que nous nous proposerons alors par l'addition du calcaire, sera de rendre le sol plus *meuble* et plus perméable à l'air et plus facile à travailler.

2° On a ensuite divisé les engrais ainsi :

Engrais chauds;
Engrais froids.

Les engrais chauds sont ceux qui, comme le sang et la chair, etc., se décomposent rapidement, produisent beaucoup de chaleur et conviennent par cela même aux terres froides. Mais l'effet en est peu durable.

Les engrais froids, au contraire, sont ceux qui, comme les cornes, les laines, etc., se décomposent difficilement. Ils conviennent aux terres calcaires, qui en facilitent la décomposition ; leur action est plus lente et plus durable, mais cette classification ne saurait embrasser tous les engrais. Ainsi les engrais minéraux, tels que le phosphate de chaux, n'y peuvent trouver leur place; cependant c'est bien un engrais, puisque, comme la chair et les cornes, il apporte son concours à la formation de nos récoltes.

3° On a encore établi la classification suivante :

Engrais végétaux ;
Engrais animaux ;
Engrais minéraux ;
Engrais mixtes.

Mais comme nous n'avons pas d'engrais complétement végétaux et animaux, cette classification devient encore imparfaite.

En un mot, il n'existe pas de classification d'engrais complète.

Nous avons déjà signalé les difficultés qu'éprouve l'intelligence humaine lorsqu'elle veut établir des classifications nettes et tranchées. En présence de ces difficultés et en attendant, s'il est possible, une classification complète, nous suivrons, dans notre étude, la classification suivante, qui ne sera pas sans objection, qui pourra, peut-être, n'être pas approuvée par la science, mais qui aura le mérite de rappeler au praticien l'origine des engrais faisant partie de chaque classe.

La voici :

1° Engrais provenant des animaux et des végétaux ;

2° Engrais provenant de l'homme et des animaux ;

3° Engrais provenant des végétaux ;

4° Engrais provenant des minéraux ;

5° Engrais d'usines ou de fabriques, composts divers.

Telle est la classification que nous suivrons dans l'étude des engrais, à laquelle nous nous livrerons dans les chapitres suivants.

CHAPITRE II.

Engrais provenant des animaux et des végétaux.

C'est avec intention que nous commençons l'étude des Engrais par ceux qui nous sont fournis par les animaux et les végétaux. C'est à ce type qu'appartiennent les fumiers de cheval, de vache, de mouton et de porc; engrais naturels de la ferme, qu'on désigne aussi sous le nom d'engrais mixtes, parce qu'ils sont formés de litières, matières végétales auxquelles on fait absorber les déjections animales. Chacun de ces fumiers a des qualités particulières que nous indiquerons plus tard; mais leur mélange en proportions diverses formant le fumier ordinaire de la ferme, et cet engrais étant la première et la principale ressource du cultivateur, c'est celui-là qu'il a tout d'abord intérêt à bien connaître.

Le fumier de ferme forme la base de l'agriculture; il est, le cultivateur le sait bien, le plus précieux agent de fertilisation qu'il possède. C'est un engrais complet à tous les points de vue, formé d'abord d'un mélange d'engrais froid, les pailles, qui se décomposent lentement et d'engrais chaud, les déjections animales, qui se décomposent rapidement. Mais en outre, il contient tous les éléments nécessaires à nos récoltes. Ses propriétés le rendent propre à toutes nos cultures et il convient en général à tous les sols. Il suffit, pour comprendre ceci, de penser que tous les matériaux si divers qui le constituent sont autant de produits que nos cultures ont enlevés au sol. Les seuls inconvénients qu'il présente à la pratique, c'est d'être encombrant et chargé d'eau, puis de demander, pour la conservation intégrale de ses principes fertilisants, quelques soins que nous aurons à indiquer aux praticiens. Cependant, malgré ses inconvénients, s'il était possible au cultivateur d'en produire des quantités suffisantes pour les besoins de sa culture, il n'aurait jamais recours aux engrais commerciaux, si ce n'est pour les cultures spéciales. Mais indépendamment des causes naturelles que nous avons signalées déjà, et qui s'opposent à ce que le cultivateur en ait assez pour ses besoins, nous sommes forcés de constater que, malheureusement, le soin et l'emploi intelligent du fumier sont ce qu'on néglige le plus dans la majorité des fermes. Aussi perd-on, par cela même, une masse de matières fertilisantes qu'on utiliserait avec bien du profit.

En voyant ce qui se passe tous les jours sous nos yeux, il semble que le cultivateur, l'homme qui devrait le mieux connaître le fumier, pense qu'il n'y a aucun principe à observer, soit pour produire, soit pour préparer et appliquer cet engrais à la terre. Aussi, allons-nous tâcher d'éclairer le praticien et de lui faire bien comprendre qu'il n'en est pas ainsi. La production du fumier dans les fermes est intimement liée à l'entretien du bétail. Tout cultivateur doit donc tendre d'abord à une production suffisante de fourrages ou de racines, qui lui permette d'entretenir un maximum de bétail proportionné, toutefois, à l'étendue de la terre qu'il cultive. Il faut en outre que ces animaux soient convenablement nourris et qu'on leur fournisse assez de litières pour que rien de leurs déjections ne soit perdu.

Telles sont d'abord les conditions premières qui fourniront au cultivateur le fumier en plus grande abondance, de meilleure qualité et au plus bas prix possible. En thèse générale, ce sont les cultivateurs qui remplissent le mieux ces conditions qui passent pour les plus habiles, parce qu'ils font en effet les plus gros bénéfices. Ceci n'a rien qui doive surprendre, car plus les tas de fumiers seront gros, meilleures seront les récoltes. Avec de gros tas de fumiers, on arrive facilement à transformer les terres de mauvaise qualité en terres de bonne qualité.

Enfin, plus le bétail est nombreux et bien entretenu, plus il donne de produits au cultivateur. Mais si produire du fumier en abondance doit être la première préoccupation du cultivateur, cela ne suffit pas; il faut en outre qu'il cherche à donner à son fumier la meilleure qualité.

Or cette qualité dépend des quatre causes suivantes :

1° Nature des litières;

2° Mode de nourriture des bestiaux;

3° Construction des étables;

4° Conservation du fumier jusqu'à la mise en terre.

Nous allons examiner maintenant chacune de ces causes.

1° Nature des litières.

Les matières si variées qu'a employées jusqu'à ce jour l'agriculture pour servir de litière peuvent influer d'une manière notable sur la quantité et sur la qualité des fumiers. On a en effet tour-à-tour essayé diverses pailles, des fanes, des feuilles ou des matières terreuses. Le but qu'on se propose dans l'emploi des litières est multiple : on a d'abord pour but de procurer aux animaux un coucher agréable, de maintenir leur robe dans une certaine propreté, enfin de pouvoir fournir surtout des matières qui absorbent le plus facilement leurs déjections solides et liquides. Les bons praticiens donnent la préférence aux pailles de froment, de seigle ou d'avoine; la conformation de ces pailles creuses et tubulaires, leur état de sécheresse permettent de mieux absorber les urines, de moins perdre de leur volume et de donner un fumier bon et abondant. Le choix de ces pailles fait par le praticien est parfaitement justifié par les expériences suivantes, dues à M. Boussingault, qui démontrent en effet qu'après vingt-quatre heures d'imbibition,

100 kil.	paille de froment	ont retenu	220	kil. d'eau
—	paille d'orge	—	285	—
—	d'avoine	—	228	—
—	de colza	—	200	—
—	f^{les} de chêne tombées		162	—
—	de bruyères	—	100	—
—	de sable siliceux	—	25	—
—	de marne	—	40	—
—	de terre végétale séchée à l'air		50	—

Ainsi pratique et science sont parfaitement d'accord sur ceci, que ce sont les pailles des céréales qui conviennent le mieux pour absorber les urines des animaux. Mais malheureusement, tout le monde le sait, le cultivateur n'a pas toujours de ces pailles en quantité suffisante pour ses litières. Une partie en est employée à la nourriture du bétail, et cette partie, en s'animalisant, se transforme en produits nouveaux. Mais si le cultivateur n'a point à regretter cet emploi de la paille qui sert de nourriture à son bétail, il n'en doit pas moins employer tous les moyens possibles pour suppléer à leur emploi pour former ses litières. Aussi voyons-nous les praticiens soigneux, suivant les ressources de leur localité, employer toutes espèces d'herbes, tels que bruyères, roseaux, fougères, feuilles d'arbres, etc. En les associant avec intelligence aux litières des céréales, ainsi que cela se pratique en Belgique et en Bavière, on apporte une économie notable dans la dépense de ces pailles, on augmente la masse du fumier et on obtient encore un coucher convenable pour le bétail. On pourrait encore associer aux pailles des céréales les tiges de sarrazin et de colza, qui sont de toutes les pailles celles qui enlèvent au sol le plus de principes fertilisants, au lieu de les brûler sur le sol comme cela se fait trop souvent. Leur présence viendra enrichir le fumier de principes azotés, phosphatés et alcalins si utiles à la végétation. Cette association conviendrait surtout aux bergeries, car les moutons broieraient facilement sous leurs pieds toutes les tiges des colzas et des sarrazins.

C'est encore pour remédier à la disette des pailles que, dans certaines localités, on emploie, comme litières, des matières terreuses qu'on recouvre tous les jours d'une nouvelle couche, mais qu'il faut avoir soin d'enlever lorsqu'elles sont imprégnées de déjections.

Outre l'économie de paille que leur emploi procure, elles offrent encore les avantages suivants : elles absorbent très-bien les déjections liquides, et en les soustrayant au contact de l'air, elles s'opposent à la décomposition de ces matières. Aussi, en entrant dans les étables qui sont pourvues de ces litières, on ne sent pas l'odeur ammoniacale qui caractérise la décomposition des déjections animales. Les matières terreuses qu'on peut employer sont les suivantes :

Argile;
Calcaire;
Sable;
Tourbe.

Or, si nous nous rappelons les propriétés des trois premiers de ces corps, nous trouvons que, par leur emploi intelligent, on peut tout à la fois amender et fumer le sol. La tourbe qui n'est autre qu'un humus acide, et par cela même improductif, quand elle est imprégnée de déjections animales, perd cette propriété première, et se transforme en humus doux, très-propre à la culture, surtout dans les terres maigres qui sont pauvres de ce premier agent de fertilisation.

L'emploi des matières terreuses comme litière, permet au cultivateur de vendre ses pailles, mais on ne saurait considérer cela comme un avantage; car par ce moyen on exporte encore de son exploitation les principes fertilisants des pailles. Mais si les litières terreuses offrent à la pratique quelques avantages, elles ne sont pas sans inconvénients; car leur propriété absorbante des déjections liquides est loin d'égaler celle des pailles des céréales. Nous avons vu que 100 k. de paille de froment avaient la propriété d'absorber 220 kil. d'urine, et l'expérience constate que, pour absorber une même quantité de ces liquides, il faudrait 880 kil. de sable ;

550 de marne ;
440 de terre végétale.

Ces chiffres nous prouvent qu'il faut des quantités notables de matières terreuses, pour absorber autant de déjections liquides animales, que 100 kil. de paille de blé ou d'avoine ; mais en outre le cultivateur ne doit pas perdre de vue que leur extraction et leur transport lui deviennent coûteux. Malgré cet inconvénient l'emploi des litières terreuses n'est point à dédaigner, parce que si leur faculté absorbante des urines est moindre, en réalité elle est beaucoup plus prompte. Leur emploi surtout convient particulièrement aux bergeries qui ne sont pas pavées. L'expérience prouve que la proportion des déjections du mouton est de quatre parties de déjections liquides pour une solide. Alors, à moins de paille en quantité considérable, une certaine portion des urines s'écoule en pure perte dans le sol des étables. Avec un mélange de pailles et de matières terreuses, on n'a pas à craindre cet inconvénient. Tout en indiquant au praticien les services qu'il peut retirer de l'emploi des matières terreuses comme litières, nous n'avons pas l'intention de bannir les pailles de l'étable, mais simplement d'indiquer un auxiliaire utile ; car il peut arriver très-facilement que dans une ferme le fourrage abonde et qu'il y ait disette de pailles ; l'usage de la terre comme litière devient alors un puissant auxiliaire ; si, au contraire, le fourrage manque et que les pailles soient abondantes, l'usage des litières terreuses permet au cultivateur d'utiliser sa paille plutôt comme nourriture que comme litière.

La quantité de litière à fournir aux animaux varie suivant l'espèce, et doit être proportionnée à la quantité et à la nature de leurs aliments. Mais comme les animaux ne sont pas nourris de la même manière toute l'année, par exemple quand ils reçoivent des fourrages verts pour nourriture, les litières doivent être plus abondantes, parce qu'alors leurs déjections liquides augmentent.

On admet, comme moyenne pour le cheval, que la litière doit être égale au poids du fourrage consommé ; ce qui ferait de 2 à 3 k. de fourrage, soit 2 ou 3 kilos de litières par jour ; pour la race bovine nourrie au vert, de 3 à 5 kilos; pour la race porcine, une quantité plus grande à cause de la fluidité de ses déjections.

En résumé, les litières, quelle que soit leur nature, contribuent puissamment à augmenter la masse du fumier qui manque toujours à l'agriculture. A défaut de pailles de céréales, les feuilles, fanes de toute nature, doivent donc être recueillies avec le plus grand soin, sans négliger, comme auxiliaires, les litières terreuses. Quant aux cultivateurs qui ont jusqu'à ce jour conservé la déplorable habitude de brûler certaines pailles, il faut leur prouver qu'ils agissent tout-à-fait contre leurs intérêts. En effet 100 kil. de paille de sarrazin donnent, quand on les brûle, 3 kilos de cendres; si ces 100 kilos de paille de sarrazin eussent été utilisés comme litières, elles auraient au moins produit 150 kilos de fumier, quantité bien suffisante pour fumer un demi-are de terre; or, en admettant même que le cultivateur eut recueilli avec soin ces 3 kilos de cendres, il serait loin de pouvoir fumer, avec cela, la même quantité de terre; car, en brûlant, les pailles ont perdu la partie qui se serait convertie en humus, si on les eût transformées en fumier.

2° Influence du régime alimentaire des animaux sur la valeur et sur la quantité du fumier.

La manière dont on traite les animaux a une influence notable sur la quantité et sur la valeur du fumier. Plus les animaux resteront à l'étable, plus la quantité de fumier produite deviendra considérable, et cette quantité atteindra son maximum lorsqu'ils y resteront toute l'année.

Mais si au contraire ils passent la majeure partie de l'année sur les pâturages, la production de fumier devient presque nulle. Dans les localités où l'on emploie un moyen mixte, et où les animaux sont tout à la fois nourris à l'étable et conduits sur les pâturages, les agronomes les plus distingués représentent les quantités moyennes du fumier produites annuellement ainsi :

Pour un cheval,	10,000 à 10,500 k.	fumier par an
Pour un bœuf d'attelage,	10,000 à 10,500	—
Pour une vache laitière,	10,000 à 13,500	—
Pour un mouton,	350 à 500	—
Pour un porc,	800 à 1,000	—

Mais ces chiffres, nous le verrons plus loin, peuvent presque doubler dans le cas de stabulation permanente et lorsque les animaux sont traités suivant le système belge.

Le régime alimentaire auquel on soumet les animaux influe aussi sur la nature et la qualité des fumiers.

La qualité du fumier dépendant surtout de la richesse des déjections des animaux, on conçoit très-bien que plus leur nourriture sera bonne et abondante, meilleur et plus abondant sera le fumier. Les animaux qui reçoivent une bonne nourriture sèche, donnent des fumiers qui sont plus chauds, qui contiennent plus de principes fertilisants que les animaux qui reçoivent une nourriture aqueuse.

Les cultivateurs savent très-bien que le fumier de cheval et de mouton est plus chaud, plus énergique que le fumier des bêtes à cornes. L'état de santé des animaux exerce aussi une influence sur la qualité du fumier ; les animaux sains, surtout les animaux gras, donnent du fumier de meilleure qualité que les animaux maigres ou malades.

Nous voyons qu'une des causes qui influent le plus sur la qualité du fumier est le genre et la proportion des aliments. Nous dirons donc aux praticiens : Si vous voulez avant tout avoir de bons fumiers, nourrissez bien vos animaux. Mais la nourriture qu'on peut leur donner est très-variable et les aliments qu'ils reçoivent présentent de nombreuses différences dans leurs principes nutritifs. La pratique sait bien qu'il n'est pas indifférent de nourrir un animal avec 10 kilos de foin, ou avec 10 kilos de pommes-de-terre ou de betteraves, il devient donc nécessaire de rationner les animaux suivant la nature de la matière alimentaire qu'on a à leur donner. Ici, nouvelle difficulté pour la pratique ; mais la science l'a aplanie en nous donnant les équivalents nutritifs des matières alimentaires qui servent à l'entretien des animaux.

Les savants nous ont appris, en effet, que pour remplacer, au point de vue de l'azote, c'est-à-dire de ce corps qui contribue le plus à la nutrition et au développement des organes, une ration de 10 kil. de foin, il faut soit :

28 kil.	»	de pommes-de-terre.
5	»	d'avoine,
52	»	paille de blé,
28	»	topinambours,
40	»	betteraves,
40	»	raves,
40	»	carottes,
8	500	foin de sainfoin,
22	»	fourrages verts.

L'observation de ces chiffres, dans les rations à donner aux animaux, nous démontre que le bétail, avec n'importe quelle espèce de ces aliments, recevra une égale quantité de principes azotés.

Leurs déjections rapporteront aussi en fumier une égale quantité d'azote, de ce corps précieux qui joue un rôle des plus importants dans l'alimentation végétale.

Quant aux quantités de fumier produites par diverses espèces de fourrages, il serait très-intéressant aussi de pouvoir les connaître d'une manière exacte; malheureusement jusqu'à présent nous manquons de renseignements précis. Mais d'une manière générale, lorsque l'on veut évaluer, dans la pratique, la quantité de fumier produite, on procède ainsi : on admet que la masse de nourriture sèche et de litières réunies doublent de poids par leur conversion en fumier. Ainsi, par exemple, pour évaluer la quantité de fumier produite journellement par un cheval qui recevrait par jour une ration quelconque, mais équivalant en nourriture à 6 kilos 500 hect. foin, 2 kilos 500 hect. paille pour litière et 4 kilos 500 hect. d'avoine, soit au total 13 kil. 500 hect., on aurait, en doublant ou multipliant par 2, 27 kilos de fumier par jour, soit 9,855 kilos par an. Une vache laitière, du poids de 500 ou 600 kilos, qui recevrait annuellement en nourriture et en litière un poids de 5,475 kilos, donnerait, par an, 10,950 kilos fumier ; et ainsi de suite pour chaque espèce d'animal qu'on nourrit à la ferme.

Ceci nous démontre l'importance des soins à donner aux animaux qui concourent, avec nous, à la fertilisation des terres que nous cultivons.

CHAPITRE III.

Influence de la construction des Étables sur la production du fumier.

Le bon état de pavage des étables exerce d'abord, sur la production du fumier, une influence plus grande qu'on ne le suppose généralement. En effet, la plupart des étables de nos campagnes ne sont pas ou sont mal pavées, et alors les déjections liquides des animaux, avant de pouvoir être absorbées complètement par les litières, s'infiltrent en pure perte dans le sol. C'est dans ce cas qu'un peu de litière terreuse employée avec intelligence rendrait au praticien de grands services, en absorbant ces déjections et rapportant ainsi à la masse du fumier des éléments de fertilité qui sont perdus. Mais en dehors du bon état de pavage, la manière même dont sont disposées les étables est pour beaucoup dans la production du fumier. C'est en effet ce que nous voyons dans le système belge.

Dans ce système, les animaux restent toute l'année à l'étable, ce qui, comme nous l'avons vu, contribue puissamment à la production du fumier.

L'étable, en outre, présente la disposition suivante :

En avant des animaux, se trouve un trottoir planchéié et cimenté, sur lequel on dispose le fourrage qui leur est destiné et les baquets qui contiennent leur boisson. Les animaux sont placés sur un plan incliné de l'avant à l'arrière, et ce plan est pavé ou dallé, de manière à éviter les infiltrations d'urines ou de matières solubles dans le sol. Derrière les animaux, se trouve une petite fosse un peu enfoncée dans le sol, où s'écoulent les urines et les parties liquides des déjections, qui ont échappé à l'absorption des litières. Cette fosse doit être pavée avec soin ; on y jette tous les jours le fumier que l'on retire de dessous les pieds des animaux, auxquels on fournit une abondante litière.

La partie réellement avantageuse de cette disposition est des plus simples et des plus faciles à établir.

Elle consiste dans l'emplacement creux situé à l'arrière des animaux, lequel est destiné à recevoir le fumier qui y séjourne cinq à six jours en été et huit à neuf jours en hiver. A l'aide de ce moyen, rien des déjections n'est perdu et de plus le bétail y gagne en propreté et sa santé est meilleure. C'est en employant un tel système que les Belges nous accusent une production de fumier s'élevant à 30 ou 40,000 kilos pour une vache nourrie annuellement à l'étable. Frappé de la différence de quantité du fumier qu'il obtenait à Roville, Mathieu Dombasle, ce maître en agriculture, voulut vérifier si le fait était exact; il fit construire des étables à la manière belge. Les résultats qu'il obtint ne lui donnèrent pas les chiffres accusés par les Belges, mais il acquit cette conviction, qu'au moyen des étables construites dans le système belge, on obtient une quantité de fumier presque double de celle que donne un même nombre de bêtes recevant la même nourriture, dans une étable ordinaire. C'est ce que prouvent les chiffres suivants, exprimant les quantités de fumier obtenues par Mathieu de Dombasle dans des étables disposées en système belge.

Cheval.........	16,200 kil.	fumier par an.
Bœuf à l'engrais.	25,350	id.
Vache laitière...	19,500	id.

Ajoutons en outre que, de l'aveu de l'illustre expérimentateur, le fumier est plus gras et de meilleure qualité.

Ces faits prouvent quelle est l'influence que peut avoir sur la production du fumier la disposition des étables, et que toutes les fois que le praticien voudra obtenir d'un nombre de bestiaux donné la plus grande quantité possible de fumier, il devra les nourrir toute l'année à l'étable, leur fournir une nourriture copieuse et des litières suffisantes.

Conservation du fumier.

Mais s'il est utile d'indiquer au praticien les différentes circonstances qui influent le plus sur la production et sur la qualité du fumier, il est bien plus utile de lui apprendre à le soigner, de manière à ce qu'il perde le moins possible de ses principes fertilisants, jusqu'au jour où on l'emploie. Cela devient d'autant plus nécessaire qu'il est difficile de se faire une idée des pertes que l'agriculture de nos campagnes éprouve, par suite du peu de soin qui est apporté à la conservation du plus précieux agent de fertilisation que nous ayons. Mais avant tout doit-on enlever tous les jours le fumier des étables, ou doit-on le laisser séjourner sous les pieds des animaux ? Ici les avis des praticiens sont partagés : les uns veulent qu'on enlève le fumier tous les jours, et ils donnent pour raison que, comme nous le verrons un peu plus loin, le fumier ne tarde pas à entrer en décomposition et à produire des gaz insalubres, et qu'il peut en outre passer à l'état de blanc ou de chanci. Les cultivateurs qui veulent que le fumier séjourne quelque temps sous les pieds des animaux prétendent que par ce moyen on économise la main-d'œuvre et les transports et que l'on obtient un fumier plus homogène, plus gras et mieux fermenté. Entre ces deux extrêmes, il y a un moyen terme qui paraîtra rationnel : c'est, dans nos climats, de le laisser quelques jours sous les pieds des animaux en ayant soin de leur fournir tous les jours de la litière fraîche. On arrivera à produire ainsi de bons fumiers sans craindre de compromettre la santé du bétail.

Voyons maintenant ce que va devenir le fumier dès que nous l'aurons retiré des étables. Quelques cultivateurs, s'appuyant sur ce principe que le fumier en vieillissant perd forcément une certaine partie de ses principes utiles, recommandent l'emploi exclusif des fumiers frais.

Cette recommandation ne pourrait d'abord être suivie sans difficultés. Les champs du cultivateur ne sont pas en tout temps préparés pour recevoir le fumier, le nombre de ses attelages et de son personnel n'est pas toujours suffisant pour être prêt tous les jours à effectuer un pareil transport. Ajoutons en outre et essayons de démontrer, en parlant de l'emploi du fumier, que l'usage des fumiers frais ne saurait convenir à toutes les natures de terre que peut comporter une ferme d'une certaine étendue.

Nous voyons donc, d'une part, qu'il y a inconvénient à laisser séjourner le fumier trop longtemps sous les pieds des animaux, et que d'un autre côté il y a pour le cultivateur impossibilité matérielle à en faire l'emploi immédiat. Voyons un peu ce qu'il devient en attendant le jour propice à son emploi. Au sortir des étables, dans la majorité de nos fermes, le fumier est déposé dans les parties les plus basses de la cour, exposé pendant l'été aux ardeurs du soleil, recevant surtout pendant les mauvaises saisons l'eau qui s'écoule des toits. Le jus du fumier ou purin qui en représente la partie soluble, ainsi lavé par les eaux, s'il ne trouve le moyen de s'infiltrer dans les profondeurs du sol, va se disperser dans des fossés et même le plus ordinairement il se rend dans la mare où sa présence devient une cause d'insalubrité pour les animaux qui vont s'y abreuver. C'est ainsi que se traitent les fumiers dans la majorité des fermes en France.

On ne saurait trop s'élever contre une pratique aussi funeste à l'agriculture; elle enlève au fumier, qui est la providence de nos champs, la majeure partie de ses principes fertilisants.

Afin qu'il ne reste sur ce sujet aucun doute dans l'esprit du cultivateur, je m'en vais chercher à lui démontrer par le raisonnement et par des résultats pratiques qu'il n'en peut être autrement. Si nous savons, en effet, ce que devient un tas de fumier exposé à l'air libre, il nous sera facile de constater les phénomènes suivants :

Les déjections des animaux agissant sur les pailles ou litières comme de véritables ferments vont faire entrer le fumier en décomposition, la masse s'échauffera, il se dégagera de la vapeur d'eau et différents composés gazeux qui ne sont pas, comme nous allons le voir, sans importance pour nos récoltes. Bientôt le fumier diminuera de volume, il laissera échapper un liquide noirâtre, jus de fumier ou purin. La décomposition continuant, le fumier prend une couleur noirâtre et à la fin il laisse comme résidu un terreau de même couleur dans lequel il est difficile de distinguer la nature des matières qui le formaient en principe. Voilà ce que devient le fumier quand il est exposé à l'air libre, et il n'est certes pas un cultivateur qui n'ait vu un tas de fumier se comporter ainsi, et s'il ne comprend pas les pertes que son fumier éprouve, nous allons les lui indiquer ici.

La décomposition du fumier est une véritable combustion lente; en se décomposant, le fumier brûle donc lentement, et les produits qui se détruisent ainsi sont ceux qui peuvent fournir à nos champs l'humus qui leur est si nécessaire. Nous venons de voir qu'en brûlant ainsi lentement le fumier dégage des gaz. Parmi ces gaz s'en trouve un que tout le monde reconnaît à son odeur vive et piquante, celui-là est du carbonate d'ammoniaque, c'est-à-dire un composé qui contient de l'azote. Ce composé azoté a, sur nos récoltes, une action identique aux composés azotés que nous trouvons dans les engrais artificiels. Enfin, il contient ce même azote que le cultivateur recherche avec tant de soin, et qu'il ne craint pas de payer 3 ou 4 francs le kilo dans le Guano.

La décomposition du fumier amène encore l'écoulement d'un liquide noirâtre, désigné sous le nom de jus de fumier ou *purin*. Eh bien ! ce purin, c'est une partie du fumier qui est devenue soluble, il contient aussi de l'humus, du phosphate de chaux et des sels alcalins, en un mot il contient tout ce qu'il faut pour nourrir nos récoltes. En laissant échapper le purin, le cultivateur perd donc encore ce phosphate si nécessaire au développement de ses graines et qu'il consent à payer si cher dans les noirs et les autres engrais. Enfin il perd les sels alcalins de potasse et de soude qu'on trouve dans les cendres et dans les charrées qui produisent de si bons effets sur nos prairies.

Cette explication théorique suffit, je crois, pour démontrer au praticien les pertes qu'il éprouve lorsqu'il abandonne son fumier sans soin aux lois de la nature ; mais dans le cas où il lui resterait encore quelques doutes, les expériences pratiques suivantes seront de nature à les faire disparaître complètement. Il résulte, en effet, d'expériences pratiques faites par Koerte, que cent charretées de fumier frais abandonnées sans soin à l'air libre se sont réduites dans l'espace de 81 jours à 73 charretées, et qu'après treize mois les 100 charretées avaient perdu plus de moitié de leur volume, puisqu'elles s'étaient réduites à 47 charretées. Or cette diminution, que le cultivateur le sache bien, ne s'est pas produite par le seul tassement qui a pu rapprocher les particules que forme le fumier, mais tient aussi au dégagement d'une partie de ses principes actifs. Ceci suffira, je crois, pour vous démontrer qu'en suivant la routine malheureuse de nos campagnes, en laissant ainsi exposé sans soin son fumier dans la cour, le cultivateur perd annuellement des richesses incalculables.

Mais s'il était important de faire d'abord comprendre au praticien les pertes qu'il fait ainsi subir à son fumier, qui est la providence de ses récoltes, il est plus important, je crois, de lui indiquer les moyens à suivre pour sa bonne conservation.

Pour arriver à ce résultat, le cultivateur peut mettre en pratique les deux moyens suivants :

Conservation du fumier en tas ;

Conservation du fumier dans des fosses, dites fosses à fumier.

Nous allons examiner successivement ces deux moyens.

La conservation du fumier en tas est la plus simple, la moins dispendieuse, mais elle ne vaut pas l'usage des fosses à fumier. Dans ce mode d'opérer, il importe avant tout de faire le choix d'un emplament. Il serait à désirer que le tas de fumier soit d'abord placé près des étables et des écuries, mais dans le cas d'impossibilité on doit choisir un emplacement au nord, abrité du côté du midi, s'il est possible, par une plantation d'arbres qui puissent le protéger l'été contre les ardeurs du soleil. Le tas de fumier doit être établi sur un plan légèrement incliné, imperméable, fait de glaise bien battue, analogue aux places à battre le blé dans les granges, ou bien encore il peut être pavé. Ces précautions ont pour but d'empêcher le *purin* de se perdre dans les profondeurs du sol. Dans le cas où l'on n'aurait pas à sa disposition un emplacement imperméable ou susceptible de le devenir, on en recouvrirait le fond de matières terreuses qui, absorbant le *purin*, laisseraient après l'enlèvement du fumier un terreau très-fertilisant. Cet emplacement ne doit pas recevoir les eaux d'égoût des toits ; on doit aussi avoir soin de l'entourer d'une rigole disposée de manière à ce que les eaux des environs n'y arrivent pas et qui puisse permettre en outre au jus de fumier ou purin de s'écouler dans une fosse ou dans un puits bien étanché, d'où on pourra le retirer, soit à l'aide d'une pompe ou d'un seau, pour en arroser le tas lorsqu'on le jugera convenable.

L'emplacement étant ainsi disposé, le cultivateur, chaque fois que l'on enlèvera le fumier de ses étables, devra l'y faire déposer en veillant à ce que le tassement en soit uniforme, qu'il présente une certaine régularité et qu'il ne s'élève pas à une hauteur de plus de deux mètres. Ces précautions sont nécessaires pour que la fermentation s'établisse dans la masse avec une certaine régularité. Si les tas ne sont pas suffisamment tassés, l'intervention de l'air nécessaire à la fermentation ayant un trop libre accès, la décomposition marche trop rapidement et le fumier se dessèche. Si au contraire les tas de fumiers sont trop pressés, la fermentation ne peut s'y établir régulièrement et alors on s'en aperçoit facilement aux taches blanches que présente le fumier lorsqu'on l'enlève, ce qui indique que l'air, ayant fait défaut dans certaines parties, la fermentation s'est arrêtée. Ainsi, pour que le fumier possède les qualités que doit en attendre le cultivateur, il ne doit recevoir que les eaux qui puissent le baigner sous forme de pluie, il faut que la fermentation soit régulière, et pour cela il doit être entretenu humide au moyen du purin, et que les tas ne dépassent pas la hauteur de deux mètres. Les tas faits sont quelquefois abrités, mais on peut simplement les recouvrir d'un peu de terre, jusqu'à leur emploi. Malgré ces précautions il est impossible d'empêcher que le fumier ne perde sous forme d'ammoniaque un peu d'azote. Pour empêcher cette déperdition, la science nous offre l'emploi de corps qui ont pour but de fixer l'ammoniaque et par cela même l'azote de telle sorte que le fumier peut conserver tout l'azote qu'il contenait lorsqu'on l'a enlevé des étables. Le premier moyen consiste à arroser de temps en temps les tas de fumiers avec de la couperose verte qu'on fait dissoudre dans l'eau ou dans le purin; 5 kilogrammes de couperose verte suffisent pour une charretée de fumier du poids de 2,000 kilos. Un moyen plus simple encore, et qui est à la portée de tous les cultivateurs, consiste dans l'emploi du plâtre, le même que l'on répand sur les prairies artificielles. Ce corps a aussi pour but de fixer l'ammoniaque qui provient de la décomposition des fumiers. Son emploi est des plus simples et des plus faciles. Il suffit de saupoudrer les diverses couches de fumier avec le plâtre ; 25 kilogrammes peuvent suffire pour une charretée de 2,000 kilos.

La conservation du fumier en tas est des plus simples : elle est peu dispendieuse, elle est donc à la portée de tous les cultivateurs. Elle permet de recueillir le purin, et les soins que réclame le fumier consistent dans des arrosages qui ont pour but de régulariser la fermentation, et l'addition du plâtre ou de la couperose verte permet de conserver au fumier la majeure partie de l'azote qu'il contenait au sortir des étables.

Conservation du fumier dans des fosses.

La meilleure méthode que peut employer le cultivateur pour la bonne conservation de son fumier est sans contredit l'usage des fosses à fumier, lorsqu'elles sont bien établies. L'emploi d'un pareil moyen n'est guère praticable que dans la grande culture, parce qu'il est assez dispendieux. Tout cultivateur qui pourra suivre cette méthode doit avant tout être fixé sur les dimensions qu'il doit donner à la fosse, et pour cela il faut qu'il soit renseigné sur la quantité de fumier que, suivant l'ordre des travaux de l'exploitation, on sera obligé d'y accumuler. Il est aussi très-important, si la fosse n'est pas couverte, de connaître quelle est la quantité de pluie que la surface doit recevoir pour donner au puits à purin une capacité convenable. La fosse à fumier doit être, autant que possible, placée au centre des étables, laissant un des côtés accessible aux voitures. Sur l'une des parois de la fosse, on fixe une grille en fer qui permet l'écoulement du purin dans un puits désigné sous le nom de puits à purin. Ce dernier est muni d'une pompe, de manière à reverser le purin sur la fosse à fumier quand il en sera besoin. Il va sans dire qu'il est tout-à-fait indispensable que la fosse et le puits à purin soient bien étanchés. Auprès de la fosse au purin on peut établir une guérite à latrines servant au personnel de la maison. Enfin il est aussi très-avantageux, si la fosse est près des étables, d'établir des conduits souterrains qui amènent les urines des étables dans la purinière. Telles sont les conditions que doit remplir une bonne construction de fosse à fumier. Cependant les agronomes leur font subir quelquefois de légères modifications suivant les besoins de l'exploitation.

Le traitement du fumier dans les fosses doit être le même qu'en tas. Un tassement régulier et uniforme, arrosage avec le purin pour régulariser la fermentation, addition de sulfate de fer dans le purin ou bien épandage de plâtre de temps en temps sur les couches du fumier, moyens, comme vous le savez, employés pour fixer l'ammoniaque et conserver ainsi l'azote du fumier; tels sont les procédés les plus rationnels que devront employer les cultivateurs pour éviter la déperdition du fumier et lui conserver en outre le plus de principes fertilisants possibles.

CHAPITRE IV.

Composition et emploi du fumier.

Nous avons jusqu'à ce jour fait connaître au praticien les moyens les plus rationnels pour produire en abondance du fumier de bonne qualité, nous lui avons indiqué les soins que réclame cet engrais pour la conservation de ses principes fertilisants, soins qui en outre ont pour but de l'amener, par une bonne fermentation, à l'état sous lequel il est le plus propre à nourrir les récoltes. Mais cela ne saurait suffire, car si produire de bon fumier en quantité est le premier devoir du cultivateur, il est tout aussi important qu'il sache l'employer avec intelligence; car ceci lui permettra d'en obtenir la plus grande somme de produits possible. Mais avant d'aborder cette question, il est important de connaître la composition du fumier. Cette connaissance va nous permettre de justifier, aux yeux des praticiens, l'assertion que nous avons émise, à savoir que le fumier est le meilleur engrais des terres en culture, et qu'il répond bien aux besoins de nos récoltes pour leur développement. Pour renseigner convenablement le cultivateur sur ce point, on ne peut mieux faire que de mettre sous ses yeux l'analyse suivante, faite par M. Boussingault, sur un fumier produit par trente chevaux, trente bêtes bovines et quinze ou vingt porcs. L'analyse en fut faite à une époque ou le fumier était parvenu à un état moyen de décomposition. Les chiffres suivants peuvent représenter facilement la décomposition moyenne du fumier de la ferme qui aurait été convenablement traité. En réfléchissant aux matières si nombreuses et si différentes qui forment la base de cet engrais, il nous sera facile de comprendre que la composition doit en être complexe ; mais pour en faciliter l'intelligence, réduisons-la à sa plus simple expression.

1,000 kilos de fumier à leur état normal d'humidité et arrivés à un état moyen de fermentation, contiennent, d'après M. Boussingault, les chiffres suivants :

Eau.........	791	k. 700	
Matière organ.	141	»,	représentant de l'humus et 4 k. d'azote.
Matière minér.	67	300,	donnant environ 4 k. de phosphate de chaux, 5 k. 100 d'alcalis, potasse et soude, et 5 k. 700 chaux.
	1,000	»	

On comprendra facilement que si cette analyse avait été faite sur du fumier frais, la proportion de 4 kil. d'azote, indiquée ici, eût été un peu plus grande ; si, au contraire, le fumier eût été plus fermenté, elle aurait été évidemment moindre.

Or, si maintenant on se rappelle ce que nous avons vu dans les chapitres précédents, savoir : que l'alimentation de nos récoltes consiste principalement en humus, en azote et en phosphate, en alcalis, potasse ou soude et sels de chaux, nous en déduirons facilement cette conséquence, et le cultivateur acquerra la certitude que le fumier contient bien tous les aliments nécessaires à nos plantes, et que si quelques récoltes ne trouvent pas dans un sol fumé avec du fumier tout ce qui leur est nécessaire, c'est que la dose de cet engrais n'a pas été ce qu'elle aurait dû être.

A l'aide des chiffres précédents, et l'emploi d'un pareil fumier, le cultivateur pourra, quand il le voudra, se renseigner sur la quantité de principes alimentaires qu'apporte à son champ la fumure qu'il lui donne. Car si le fumier porté sur les champs n'est pas pesé, il sera toujours facile au cultivateur, en tenant compte de la capacité de ses voitures, de se renseigner sur le nombre de mètres cubes qu'il transportera sur un hectare de terre.

Or les recherches de M. Boussingault, nous apprennent aussi qu'un mètre cube d'un pareil fumier pèse 800 kilos ; chaque mètre cube apportera donc au sol les éléments suivants :

Eau..........	633 k. 360.	
Matière organ.	212 800,	représentant l'humus et 3 k. 200 azote.
Matière minér..	53 840,	contenant environ 3 k. 200 phosphates, 4 kil. alcalis, potasse et soude et 5 kil. chaux.
	800 k. 000	

Ces chiffres multipliés par le nombre de mètres cubes de fumier apporté sur un hectare de terre indiqueront facilement au cultivateur les quantités de principes fertilisants que sa fumure fournira au sol.

Emploi du fumier.

Quoiqu'en principe nous ayons établi que le fumier est propre à tous les sols, à toutes nos récoltes, il est pourtant dans son emploi quelques règles à suivre. D'abord il y a deux genres de fumiers :

1° Les fumiers frais ou longs, que l'on désigne encore sous le nom de *fumiers pailleux*, lorsque les litières que reçoivent les animaux sont exclusivement formées de pailles ;

2° Les fumiers courts ou vieux, lorsque les fumiers ont fermenté pendant quelque temps.

Cette distinction est très-rationnelle et il importe au cultivateur de bien la comprendre. Car les fumiers frais n'ayant pas fermenté, leurs parties pailleuses demandent quelque temps pour se désorganiser et alors ces fumiers n'ont qu'une action lente, qui ne se fait sentir qu'avec le temps. Ils ne peuvent convenir en principe qu'aux cultures à végétation lente et qui restent longtemps en terre. Les fumiers vieux ou courts, au contraire, qui ont subi la fermentation, sont formés par cela même de principes en partie dissous, prêts à être absorbés par les racines de nos plantes ; ils conviennent donc par cela même aux cultures à végétation rapide.

Les fumiers frais ou longs conviennent, en outre, très-bien aux terres argileuses, un peu compactes. Ils exercent sur ces sols une action mécanique avantageuse.

En maintenant la couche arable soulevée, ils la rendent perméable aux influences atmosphériques, dont nous connaissons les bons effets.

Les fumiers courts ou fermentés qui contiennent en quelque sorte de la nourriture toute préparée, conviennent bien mieux aux sols légers ; leur consistance, leur homogénéité, loin d'écarter les particules terreuses de ces sols, tendent à les rapprocher et à y maintenir l'humidité dont ils ont si grand besoin. Cette différence d'action du fumier sous ces divers états est une objection sérieuse à faire aux partisans exclusifs du fumier frais, car en admettant un personnel et un nombre d'attelages suffisants et les terres toujours prêtes à recevoir le fumier, il est impossible que dans une ferme d'une certaine étendue il n'y ait pas des terres légères et brûlantes auxquelles l'emploi des fumiers pailleux ne saurait convenir. Ces fumiers enfouis dans des terres légères, loin de les tasser, ce qui leur convient, loin d'y maintenir l'humidité qui leur est si nécessaire, auraient au contraire l'inconvénient de les soulever et par cela même d'en faciliter le desséchement.

Dans la pratique, il faut bien se garder encore d'employer les fumiers frais sur *la sole* des grains, car les graines des mauvaises herbes, les œufs d'insectes qu'ils peuvent contenir, salissent les récoltes et leur portent un grand préjudice. Avec les fumiers courts ou fermentés, on n'a pas à redouter ces inconvénients, car la fermentation a détruit tout à la fois les mauvaises herbes et les œufs d'insectes. Il est pourtant un cas où les fumiers pailleux pourraient convenir aux terres légères, c'est le cas où, au lieu de les enfoncer dans le sol, on les emploie en couvertures et en donnant ensuite un coup de rouleau.

Dans ce cas, loin de dessécher les sols légers et brûlants par leur nature, ces fumiers y maintiennent par ce moyen de l'humidité, et ont l'immense avantage de les protéger contre les ardeurs du soleil.

On a encore dans l'emploi pratique divisé les fumiers en fumiers chauds et fumiers froids. Les fumiers chauds sont ceux de mouton et de cheval, les fumiers froids sont ceux de vache, de bœuf et de porc. Les fumiers chauds contiennent moins d'eau que le fumier ordinaire de la ferme, ils contiennent plus d'azote, se décomposent plus rapidement, dégagent plus de chaleur, et par cela même dessèchent plus facilement la terre. Ils conviennent donc aux terres argileuses qui retiennent facilement l'eau; ils peuvent même servir utilement aux terres légères, lorsqu'elles sont exposées sous des climats pluvieux. Les fumiers froids contiennent plus d'eau et moins d'azote que les fumiers chauds, ils se décomposent plus lentement, produisent par cela même peu de chaleur; ils conviennent parfaitement aux terres légères, brûlantes ou calcaires, qui se dessèchent très-facilement.

Ces principes généraux établis, nous avons à examiner les questions suivantes :

1° A quelle époque convient-il de conduire le fumier sur les champs ?

2° A quelle profondeur doit-on enfouir le fumier ?

3° La fumure en couverture est-elle avantageuse ?

4° A quelles doses doivent s'élever les fumures ?

1° *Epoque à laquelle il faut conduire le fumier sur les champs.*

La conduite du fumier sur les champs devrait se

faire vers la fin d'août ou en septembre, quelque temps avant les semailles d'automne ou bien à la sortie de l'hiver pour les cultures du printemps et quelquefois encore à cette époque pour relancer les semailles faites en automne, qui ont trop souffert des rigueurs de la mauvaise saison.

Quelques cultivateurs ont encore de nos jours conservé, mais à tort, l'habitude de transporter trop longtemps à l'avance le fumier sur leurs terres. Il nous sera facile de comprendre aujourd'hui qu'en laissant ainsi leur fumier en petits tas ou même répandu à la surface du sol, ils s'exposent à perdre une certaine partie des principes fertilisants de leur engrais. Aussi, pour cette raison, dans les pays bien cultivés, les cultivateurs ont grand soin de ne conduire les fumiers sur leurs champs qu'au moment où il y aura possibilité pour eux de les répandre uniformément et de les enfouir ensuite par un léger labour.

2° *A quelle profondeur doit-on enfouir le fumier ?*

Il est assez difficile de déterminer d'une manière exacte la profondeur à laquelle on doit enfouir les fumiers. Cette profondeur dépend, en effet, de la nature du sol et de celle des récoltes qu'on cherche à développer. Les terres sablonneuses, légères, exigent généralement qu'on enterre plus profondément le fumier que les terres argileuses fortes. Les plantes

5.

à racines pivotantes, telles que la carotte, la betterave, exigent aussi qu'on enfouisse plus profondément le fumier que les céréales et les autres plantes à racines traçantes ou superficielles.

3° *Fumures en couvertures.*

Cette manière de fumer les terres consiste à répandre le fumier à la surface du sol, soit après les semailles d'automne ou de printemps, soit encore au printemps sur la récolte en pleine végétation. Cette méthode était recommandée par Mathieu de Dombasle et est pratiquée, dit-on, avec beaucoup de succès en Angleterre, en Belgique, en Allemagne et en Suisse. Elle doit être surtout avantageuse sur les sols légers, sablonneux, calcaires. Elle empêche ces sols de se dessécher et y maintient par cela même l'humidité qui leur est si nécessaire.

La combinaison suivante, pratiquée par quelques cultivateurs, nous paraît rationnelle et de nature à fournir de bons résultats.

N'ayant jamais assez de fumier, quelques cultivateurs intelligents utilisent par enfouissement pour les semailles d'automne tout ce dont ils peuvent disposer ; puis au printemps suivant, époque où la végétation se réveille, pour combler le déficit de la fumure, ils emploient de bons engrais artificiels en couvertures. Ces engrais sont très-convenables pour fumer en couvertures, leur état pulvérulent en permet l'épandage facile et régulier.

4° *A quelles doses doivent s'élever les fumures?*

Les quantités de fumier que le cultivateur doit répandre sur un hectare de terre sont variables. Elles dépendent des circonstances suivantes, savoir:

La nature du sol, — la nature des récoltes qu'on vient de faire et qui ont été plus ou moins épuisantes, — la nature des plantes qu'on veut développer — enfin, le mode d'assolement installé dans la ferme qu'on exploite.

Dans la culture ordinaire de nos climats, nous voyons le cultivateur répandre sur ses champs tout le fumier qu'il peut produire dans son exploitation. Mais, en général, on considère comme une fumure ordinaire la dose de 30,000 kilos de bon fumier sur un hectare de terre soumis à l'assolement triennal, soit 10,000 kilos par hectare et par an, soit encore 12 à 13 mètres cubes. Il va sans dire que si la ferme qu'on exploite est soumise à l'assolement de quatre ou de cinq ans, la dose de fumier doit être augmentée proportionnellement, c'est-à-dire être poussée jusqu'à 40 et 50,000 kilos. Mais la culture intensive ne peut se contenter de pareilles fumures et elle élève quelquefois le fumier d'un hectare de terre à 100,000 kilos. Il est évident que les cultivateurs qui fument aussi abondamment y trouvent leurs bénéfices, quoique les fumures abondantes offrent parfois l'inconvénient de faire verser les récoltes et d'altérer la saveur des produits.

Nous admettrons ici, pour les comparaisons que nous aurons à faire des autres engrais avec le fumier, la fumure normale de 10,000 kilos par hectare et par an. Cette quantité, généralement admise, paraît nécessaire pour donner des récoltes qui laissent au praticien un certain bénéfice. A l'aide de ce chiffre et de l'analyse du fumier que nous avons eue sous les yeux, le cultivateur fournit au sol :

7,930 kilos d'eau.
1,410 matières organiques, contenant 40 kilos azote ;
43 à 44 k. phosphate ;
52 alcalis, potasse ou soude ;
57 chaux.

Mais si la fumure ne doit pas être inférieure au chiffre que nous venons d'admettre, les résultats pratiques obtenus démontrent qu'il y a avantage, toutes les fois qu'on le pourra, à fumer plus largement.

Le raisonnement l'indique très-facilement ; le fumier, ainsi que les autres engrais, étant la nourriture de nos plantes, on conçoit facilement que les produits deviendront plus considérables, si le sol est mieux fumé, s'il contient plus d'éléments nutritifs. Les cultivateurs intelligents le comprennent si bien, qu'ils ne veulent point de petites fumures. Ils fument toujours largement, et si leur fumier ne leur suffit pas, ils ne craignent pas d'avoir recours aux engrais commerciaux. L'expérience pratique leur a appris cette vérité, que tout praticien devrait connaître et comprendre, c'est que tant que la valeur des produits et de la culture dépasse celle de ses avances, le praticien doit partout et toujours chercher, par les fumures, à développer des récoltes *maximum*. C'est là seulement que l'agriculture a sa raison d'être, puisque son but est de développer, avec le plus de profit, les plus grandes sommes de récoltes possibles sur le moins grand espace de terre cultivée.

Pour compléter maintenant notre étude sur ce premier point, il nous faut jeter un coup d'œil sur les divers fumiers de la ferme, dont les plus importants sont ceux du mouton, du cheval, de la vache et du porc.

Fumier de mouton.

L'engrais du mouton est le plus énergique et le plus substantiel des fumiers de la ferme; sa richesse en azote est double du fumier ordinaire, soit 8 kilos azote par 1,000 kilos de fumier; sa décomposition est très-rapide, même dans un milieu humide, ceci le rend très-propre à fertiliser les terres argileuses, tourbeuses et calcaires. Toutefois il n'en serait plus de même s'il était donné aux terres, au moyen du parcage. Dans ce cas, il conviendrait très-bien aux sols légers, qui seraient ainsi tassés par les pieds des animaux. Les récoltes auxquelles il convient le mieux sont les plantes oléagineuses, telles que navette, colza, choux et chanvre. En l'employant à la dose de 16,000 kilos par hectare, il donne des récoltes magnifiques. Mais à cette dose il occasionne souvent *la verse* des blés. Les betteraves fumées avec du fumier de mouton contiennent moins de sucre qu'avec le fumier des bêtes bovines.

Fumier de cheval.

Le fumier de cheval est encore un fumier très-actif quand il a été convenablement préparé. Sa richesse en azote est de 6 kilos 700 par 1,000 kilos. Toutefois la valeur de cet engrais, les résultats qu'il produit sont très-variables. Cela tient d'abord à la manière dont les animaux qui le produisent sont nourris. Cela tient aussi à la manière dont il a été traité. S'il est employé frais, on est sûr d'une bonne récolte ; s'il est vieux, il arrive souvent le contraire. Ceci tient à ce que ce fumier peu humide se décompose rapidement, perd son azote et par cela même une partie de sa valeur fertilisante. Si on le soignait bien, si on l'arrosait pour modérer la fermentation, il conserverait, comme le fumier de la ferme, ses principes fertilisants. Ceci nous explique aussi pourquoi un mélange de fumier de porcs et d'écurie donne de bons résultats.

L'humidité du premier corrige l'état de sécheressedu second. Le fumier de cheval convient à tous les sols quand il a été bien préparé. 20,000 kilogrammes suffisent pour fertiliser un hectare de terre.

Fumier de vaches et de bœufs.

Ce fumier est un engrais froid, très-aqueux, contenant moins d'azote que le fumier de ferme. Sa décomposition est très-lente et par cela même son action est beaucoup plus durable que celle du fumier de mouton ou de cheval. Il est propre à toutes les cultures, et par la propriété qu'il a de se décomposer lentement, il assure à nos récoltes une nourriture pendant toutes les phases de la végétation. Il convient à tous les sols, mais particulièrement aux terres calcaires, siliceuses, légères; en un mot à toutes les terres que les cultivateurs désignent sous le nom de *terres chaudes*. On l'emploie à la dose de 30, 40 et 50,000 kilogrammes sur un hectare de terre.

Fumier de porc.

Le fumier de porc est peu estimé; il est chez nous, en général, considéré comme un engrais de peu de valeur. Il est, en effet, chargé d'humidité, mais ceci tient à la nourriture peu substantielle qu'on donne à la race porcine ; car en Angleterre, où on la nourrit avec des semences farineuses et des tourteaux, elle donne un fumier dont la richesse en azote égale presque celle du fumier de mouton. On reproche encore à cet engrais d'être corrosif, et de contenir de mauvaises herbes. Du reste inutile d'entrer dans aucun détail sur son emploi. La quantité généralement produite dans une ferme est peu importante, et il n'est jamais employé seul. Il est toujours mêlé avec d'autres fumiers et devient partie constituante du fumier de ferme que nous avons examiné.

Ici se termine notre étude sur les différents fumiers de la ferme. Ces engrais étant les seuls qui appartiennent à la première série de notre classification, nous continuerons par l'étude de ceux qui nous sont fournis par l'homme et les animaux.

CHAPITRE V.

Engrais fournis par l'homme et les animaux.

Cette seconde catégorie est assez nombreuse ; les principaux engrais qui en font partie sont les suivants :

Déjections solides et liquides des animaux ;
Déjections solides et liquides du mouton (Parcage);
Déjections liquides et solides de l'homme (Poudrette) ;
Sang, chair des animaux morts ;
Os et noir animal ;
Marcs de colle ;
Chiffons de laine, déchets de laine, suint ;
Plumes, cheveux et crins ;
Poissons pourris ;
Colombine ou fiente des pigeons ;
Poulaite ou fiente des volailles ;
Guanos naturels d'origines diverses.

En jetant un coup d'œil sur toutes ces matières si différentes, il suffira au cultivateur de réfléchir un peu pour se convaincre que tous les corps, désignés ici, méritent bien le nom d'engrais. Ils doivent, en effet, leur origine à la végétation. La terre nous donne les plantes qu'elle nourrit; ces plantes, à leur tour, nourrissent l'homme et les animaux, et contribuent ainsi au développement de toutes les parties qui les forment : il devient alors facile de comprendre que toutes les parties constituantes de l'homme et des animaux, y compris leurs déjections, doivent être autant d'éléments de production qui, rapportés à la terre, donneront naissance à de nouvelles plantes, puis ensuite à de nouvelles générations d'hommes ou d'animaux.

Ce premier point établi, nous allons étudier ici chacun de ces engrais, indiquer au cultivateur leur valeur fertilisante, et le guider, s'il est possible, dans l'emploi le plus avantageux qu'il en pourra faire.

1° Déjections des animaux.

Les déjections liquides des animaux, ou urines, leurs déjections solides, désignées vulgairement sous le nom de bouses ou de crottins, sont pour nos terres, tout le monde le sait, de précieux éléments de fertilisation. Ce sont elles qui donnent au fumier la majeure partie de sa valeur en azote, phosphates et sels de potasse ou de soude. Les litières, au contraire, en absorbant ces déjections, n'apportent au sol que peu de principes fertilisants ; mais en grossissant les tas de fumier, elles viennent augmenter sa richesse en *humus*, dont l'importance nous est connue. Telle est à peu près, dans la majorité des fermes de la France, la manière dont sont utilisées les déjections des animaux. Il est pourtant quelques contrées où les urines des animaux sont recueillies avec soin pour servir, seules, d'engrais, et chose digne de remarque, c'est dans les contrées où l'agriculture est le plus florissante. Ainsi, dans le département du Nord, dans la Flandre, presque toutes les fermes sont pourvues de citernes, placées sous les étables ou près des écuries, qui sont pavées et disposées en pente. Les urines, qui n'ont pu être absorbées par les litières, se rendent dans ces citernes ; elles y séjournent cinq ou six semaines, et après y avoir subi une fermentation lente et modérée, elles sont répandues en arrosement sur les champs. Certes, une pareille méthode occasionne quelques frais ; mais qu'importent les frais, si les produits couvrent la dépense et donnent du bénéfice ? Or, il faut bien qu'il en soit ainsi, puisque nous voyons les cultivateurs flamands venir même dans les villes chercher les urines humaines pour les employer de la même manière. Ces engrais liquides conviennent surtout aux sols légers, sablonneux ou calcaires. Cela se conçoit facilement; en leur fournissant de l'engrais, ils leur donnent aussi l'humidité qui leur est si salutaire. On les emploie avec succès, au printemps, sur les céréales qui ont souffert des rigueurs de l'hiver; sur les pommes-de-terre qui viennent d'être plantées ou avant le buttage, sur les prairies artificielles ou alternées avec le plâtre, ces urines donnent des résultats magnifiques Ces engrais liquides, offrant à nos plantes des principes nutritifs tout dissous, ont une action immédiate, énergique, mais en même temps de peu de durée.

On les conduit sur les champs dans des tonneaux placés sur des voitures, dont la disposition ressemble beaucoup à celles qui servent dans nos villes à arroser pendant l'été les promenades publiques.

Nous voyons encore utiliser comme engrais les déjections solides et liquides des animaux dans les localités où les litières sont rares. C'est ainsi qu'en Suisse on prépare l'engrais liquide qui porte le nom de *Lizier suisse*. Voici comment les cultivateurs suisses préparent cet engrais. Les animaux, dans les étables, sont, comme dans le système belge, placés sur un plan incliné et dallé ; à l'arrière se trouve une petite rigole qui reçoit les urines, lesquelles n'ont point été absorbées par les litières, et la rigole vient à aboutir à un réservoir en maçonnerie creusé dans le sol près de l'étable. On remplit la rigole à moitié d'eau ; les urines de la journée qui n'ont pu être absorbées par les litières viennent s'y rendre. Le lendemain, on délaye, dans ces liquides, les déjections solides ; puis on y lave les litières que l'on met sécher dans un coin de l'étable pour resservir encore une ou plusieurs fois. Lorsque la rigole est pleine, on la fait écouler dans le réservoir en maçonnerie. On y laisse séjourner ces liquides cinq ou six semaines, pour qu'ils puissent subir une fermentation lente et modérée ; à cette époque, on les porte sur les champs, et là, comme dans le nord de la France, ils sont employés en arrosement.

Le Lizier suisse est surtout utilisé sur les prairies naturelles et artificielles. Il y produit des effets admirables, mais dont l'action, par la même raison que tout-à-l'heure, ne saurait être de longue durée. Dans certains départements du midi de la France, nous voyons recueillir, pour être employés à part, les crottins du mouton. On donne alors pour litière à ces animaux des matières terreuses, et tous les matins on ramasse avec des rateaux les crottins qui sont à la surface. On les fait ensuite dessécher ; on les pulvérise et on les vend à la mesure pour être répandus à la volée sur les champs.

Les litières terreuses sont ensuite portées sur les champs pour servir de fumure.

Du parcage des moutons.

Dans diverses contrées de la France, particulièrement dans les contrées qui avoisinent Paris, on utilise directement comme fumure du sol, les déjections solides et liquides du mouton et de la brebis, au moyen du *parcage*. Le parcage consiste à établir sur les champs, en plein air, au moyen de claies de natures diverses, des enclos ou parcs, véritables bergeries où les animaux passent la nuit et quelques heures de la journée. Pendant le temps de leur séjour dans ces bergeries en plein air, ils y déposent leurs déjections solides et liquides qui servent alors au cultivateur d'une manière économique à fumer son champ. Il est pour le parcage quelques règles à suivre et que le cultivateur ne doit pas perdre de vue. Il n'est d'abord pas prudent de faire parquer les animaux, avant qu'ils puissent trouver sur les champs la nourriture qui leur est nécessaire et ensuite il ne faut pas oublier que le grand air, auquel ils vont être exposés, augmentera de beaucoup leur appétit. Avant de faire parquer sur une pièce de terre, il faut la labourer au moins deux fois. Cette précaution est nécessaire pour la rendre plus perméable aux urines et aux crottins des animaux. L'étendue du parc doit être proportionnée au nombre de bêtes qu'il contiendra, à leur taille et aussi à la nourriture plus ou moins aqueuse qu'ils sont en mesure de trouver sur les champs. En général, on doit se baser sur ce principe qu'un mouton de taille moyenne peut fumer convenablement à lui seul, pendant le séjour d'une nuit, une surface d'un mètre carré. Pour obtenir un parcage qui donne une fumure régulière le berger doit de temps en temps, la nuit, faire changer les animaux de place et les faire rester un temps plus ou moins long dans l'espace parqué, selon que la fumure a besoin d'être plus ou moins grande. La pratique considère comme très-fortement fumé le champ où les moutons ayant chacun un mètre carré de surface restent pendant deux nuits dans le même endroit, et comme fortement fumé lorsqu'ils n'y restent qu'une nuit. On ne donne même d'aussi fortes fumures qu'aux sols épuisés.

La fumure est alors moyenne ou ordinaire, lorsque pendant la nuit le berger change une fois son parc de place. On remarque que dans ces conditions les effets du parc se font sentir pendant deux années. Le froment qu'on y met de suite et la récolte qui lui succède viennent aussi bien que sur un sol qui aurait été convenablement fumé avec du fumier de ferme. On peut faire parquer avant et après les semailles. Dans le premier cas, après avoir semé, on enterre la fumure du parcage et la semence par un léger labour. Le parcage convient surtout aux terres légères; le piétinement des animaux donne à ces sols mobiles une consistance qui leur est avantageuse. Les récoltes qui viennent le mieux après les fumures du parc sont les colzas, les navettes, l'avoine et le blé. On remarque toutefois que les blés, si le parcage a été un peu fort, sont sujets à *verser*. Enfin cette manière de fumer le sol offre à la pratique cet avantage, que nos récoltes ne sont point salies par des graines étrangères.

On a aussi établi l'usage des parcs sur les prés et sur les prairies artificielles après la coupe; mais il faut que ces champs soient bien secs, sans quoi l'humidité du sol disposerait les animaux à être atteints de la cachexie ou pourriture.

Tous les praticiens ne sont pas d'accord sur les avantages du parcage. Il est bien évident que si pendant le temps que ces animaux passent au parc ils recevaient à l'étable une nourriture convenable et des litières en abondance, ils produiraient une somme de fumier qui pourrait fumer un espace de terre plus grand que l'on n'en fume par le parcage: mais par le parcage on économise à la ferme toute la nourriture qu'ils vont prendre sur les champs, on économise encore les litières qui manquent presque toujours, enfin on économise les charrois du fumier, car ces animaux peuvent être parqués sur les pièces de terre qui sont les plus éloignées de la ferme et le fumier qu'ils déposent par leurs déjections se trouve ainsi tout transporté et sans frais. Mais d'un autre côté, les animaux qu'on parque exposés pendant l'été aux ardeurs du soleil, n'ayant pas souvent l'eau qui leur est nécessaire pour se désaltérer, quelquefois surpris même la nuit par des orages et des pluies torrentielles, ces animaux peuvent être exposés à contracter ainsi des maladies qui les déciment trop souvent. La Beauce nous en offre annuellement de tristes exemples.

Déjections de l'homme.

L'étude que nous venons de faire démontrera sans doute au cultivateur les avantages qu'il peut retirer de l'emploi intelligent des déjections de ses animaux. Nous allons maintenant compléter cette étude par l'examen des déjections de l'homme. Si nous ne considérions ici que l'emploi nul ou imparfait que l'on fait, dans nos localités, des déjections humaines, il nous serait facile d'en tirer cette conclusion erronée que ces déjections n'ont que peu de valeur fertilisante. Mais il n'en est pas ainsi, et pour le faire comprendre de suite, il suffira de mettre sous les yeux l'analyse comparative suivante :

1,000 kilos des déjections mixtes			azote.	
de mouton (urine et excréments)		contiennent	9 k.	100
de cheval	—	—	7	400
de vache	—	—	4	100
de porc	—	—	3	700
d'homme	—	--	13	300

Cette analyse justifiera bien aux praticiens que de toutes les déjections mixtes, celles de l'homme sont les plus riches en azote, et si nous les comparons à ce point de vue au fumier de ferme, nous trouverons que 1,000 kilos de ces déjections contiennent autant d'azote que 3,000 à 3,500 kilos de fumier. Ce premier point établi, nous allons examiner séparément les déjections liquides de l'homme ou urines, ses déjections solides ou matières fécales. Nous tâcherons de faire comprendre au cultivateur les ressources qu'il peut en obtenir dans la pratique, en lui indiquant les moyens les plus convenables pour leur emploi.

Urine humaine.

La quantité moyenne d'urine qu'un adulte peut rendre en 24 heures s'élève au chiffre de 12 à 1,300 grammes soit 450 kilos par an, et l'analyse nous indique que cette urine présente en moyenne la composition suivante sur 1,000 grammes.

Eau	933
Matières organiques azotées	49
Matières minérales	18
	1,000

Les 18 parties de matières minérales sont formées de phosphates et de sels alcalins à base de potasse ou de soude, tous corps qui, comme nous le savons, sont nécessaires à la production ; les 49 parties de matières organiques contiennent une substance azotée désignée, sous le nom d'urée, mais ce qu'il y a de bien important à savoir pour le praticien, c'est que chaque litre d'urine contient assez d'azote pour former un kilo de blé. L'intérêt qui s'attache à connaître ces faits grandit encore, quand on songe aux quantités d'urines qui sont perdues tous les jours à la campagne comme à la ville et qu'il serait facile d'utiliser. Presque partout les urines du personnel de la ferme sont perdues, et quoi de plus simple, de plus facile au cultivateur intelligent que de les recueillir. Il suffirait de placer dans un coin de la cour près de l'écurie qui est le dortoir habituel du personnel, une tonne ou un baquet pour recevoir les urines de la journée. Ces urines, on les ferait absorber tous les jours par les balayures de la ferme, par des terres ou les boues des chemins, et on se créerait ainsi annuellement un compost très-fertilisant et d'une certaine importance. En effet, le personnel d'une ferme ordinaire est en moyenne de douze personnes ; chaque individu rend annuellement 450 kilos d'urines: en réduisant ce chiffre à 300 kilos seulement, à cause des pertes forcées, on aurait encore annuellement 3,600 kil. d'urine pouvant former un compost qui fournirait de l'azote à 3,600 kilos de blé ; cette valeur de 3,600 kilos n'est point à dédaigner. — Ajoutons que ce compost, en vertu de sa richesse fertilisante en phosphate et sels alcalins, produirait d'aussi bons effets sur d'autres récoltes.

Il n'en faut pas davantage pour prouver à l'agriculture que l'engrais des urines est une richesse agricole qu'elle doit s'efforcer d'utiliser; mais s'il est facile d'en agir ainsi à la ferme où les urines se trouvent toutes transportées sans frais, la question devient plus difficile pour les villes qui en produisent des quantités considérables, dont une grande partie se trouve perdue au détriment de la salubrité publique. Bien des tentatives ont été faites jusqu'à ce jour pour les utiliser ; nous allons en examiner les principales, tout en ayant le regret de constater que dans nos localités elles sont restées sans effet, à cause des transports coûteux qu'occasionnent ces liquides qui sont très encombrants et d'une conservation assez difficile.

La première chose à faire, lorsqu'on voulut utiliser les urines, était naturellement de les emmagasiner pour s'en servir au besoin. Mais on ne tarda pas à s'apercevoir que les urines se putréfient facilement ; que leur décomposition donne naissance à du carbonate d'ammoniaque, composé azoté qui est le même que celui que nous avons tout intérêt à conserver dans la fermentation du fumier, et qui pouvant se volatiliser, laisse ainsi échapper une partie de la valeur fertilisante des urines. La science, il est vrai, nous donne le moyen de parer à cet inconvénient en ajoutant, par hectolitre d'urine,

40 à 50 grammes de plâtre ou de couperose verte, soit encore 30 à 40 grammes d'acide hydrochlorique et 12 à 15 grammes d'acide sulfurique. On trouve le moyen de conserver facilement et économiquement tout l'azote d'un hectolitre d'urine, en maintenant ce gaz, sous la forme d'un sel fixe, qui ne se volatilise pas. On peut arriver au même résultat par l'emploi de la braise, du poussier de charbon, de la tourbe, corps qui, fixant encore l'ammoniaque par une action toute différente, ont la propriété de maintenir condensé, dans leurs pores, le carbonate d'ammoniaque, qui a tendance à se volatiliser. Ces différents moyens permettent de conserver l'ammoniaque des urines ; ils ne peuvent toutefois les empêcher d'être encombrantes et d'un transport coûteux. Quelques industriels ont proposé pour ce motif l'évaporation. Il est vrai qu'en faisant évaporer les urines, on les réduit à un très-petit volume qui peut être considéré, comme un engrais d'une richesse fertilisante identique à celle du guano ; mais la dépense de l'évaporation rendrait l'opération impraticable. Si cette opération eût été possible, elle aurait été pour l'agriculture une mine féconde de richesses. M. Boussingault avait conseillé le moyen suivant, qui consistait à mettre dans un mètre cube d'urines 10 à 12 kilos de sulfate de magnésie, et il obtenait ainsi, au bout d'un certain temps, un dépôt de 7 kilos de phosphate ammoniaco-magnésien, l'un des composés les plus importants de la

végétation, puisqu'il contient tout à la fois de l'azote et de l'acide phosphorique. Les résultats pratiques auxquels son emploi a donné lieu ont été des plus satisfaisants, aussi bien sur les céréales que sur d'autres plantes.

Cependant, malgré les efforts combinés de la science et de l'industrie, l'emploi des urines est encore pour l'agriculture de nos contrées un problème à résoudre. Mais sans doute ce problème sera tôt ou tard résolu par la pratique agricole elle-même, et il ne faut pas désespérer que les cultivateurs de la Beauce et de la Sologne, imitant leurs confrères du Nord, viennent dans nos villes chercher les déjections liquides humaines, pour fertiliser leurs sols et en accroître la production. En attendant que ce moment soit venu, il est toujours important d'indiquer au cultivateur, qui pourrait se procurer facilement de l'engrais-urine, le moyen le plus convenable de l'utiliser.

Les urines ne doivent point être employées fraîches, mais fermentées, additionnées de trois ou quatre fois leur volume d'eau. Ainsi mélangées, elles peuvent être distribuées en arrosement sur les prés et les prairies artificielles, à la dose de 300 à 400 hectolitres par hectare.

Les pommes-de-terre après la plantation, quelquefois avant le buttage, donnent des récoltes admirables, lorsqu'elles ont été arrosées d'urines humaines. Les avantages que nous venons de signaler pour les récoltes ci-dessus indiquées ne se reproduisent pas au même degré pour les céréales. Les urines ne contiennent pas de silice, et ce corps étant nécessaire à la formation des pailles, les blés fumés avec de l'urine seule versent le plus souvent.

Pour parer à cet inconvénient, si l'on voulait fumer les céréales avec de l'urine, on y arriverait en donnant, avant les semailles, une demi-fumure de fumier, que l'on compléterait au printemps par une demi-fumure d'engrais-urines.

En résumé, l'urine humaine est un engrais puissant dont l'emploi rationnel est de nature à rendre les plus grands services à l'agriculture et qui, tôt ou tard, sera utilisé dans tous les pays où la culture est faite avec intelligence.

CHAPITRE VI.

Déjections solides de l'homme.

Les déjections solides de l'homme, que l'on désigne encore sous le nom d'excréments ou matières fécales, offrent à l'agriculture, dans les localités où elles sont convenablement utilisées, une ressource des plus importantes. Elles constituent, en effet, un des engrais les plus énergiques et les plus puissants.

Ceci est devenu une vérité à notre époque, par suite des résultats obtenus partout, où on a, jusqu'à ce jour, employé ces déjections ; mais déjà leur efficacité n'était point inconnue dans l'antiquité. En nous reportant à l'état de l'agriculture des temps anciens, nous trouvons que les Romains et les Carthaginois s'en servaient pour fertiliser leurs terres et qu'ils les considéraient comme le meilleur engrais après la fiente des volailles. Nous voyons aussi qu'avant la découverte de l'Amérique, les Péruviens les utilisaient dans le même but et de la même manière qu'on le fait encore de nos jours en Chine. Là, les malheureux qui n'ont point assez de force pour se livrer à des travaux pénibles, recherchent par tous les moyens possibles les déjections solides de l'homme, les pétrissent avec de l'argile, en forment des briquettes qu'ils font sécher au soleil, pour les vendre ensuite comme engrais.

Pour faire comprendre la valeur de ces matières comme engrais, il suffira d'en faire connaître la composition. Les déjections solides de l'homme, dont la proportion moyenne s'élève par jour à 180 gr., soit 65 à 66 kilos par an, contiennent en moyenne sur 1,000 grammes :

Eau	770
Matières organiques.	190
Matières minérales . .	40
	1,000

Les matières organiques fourniront au sol de l'humus et de l'azote, dont la proportion varie de 15 millièmes à 50 millièmes. Les matières minérales sont formées de sels alcalins solubles et de phosphate ammoniaco-magnésien et de phosphate de chaux.

On comprendra facilement, du reste, que les proportions de ces différents corps peuvent varier suivant la nourriture de l'homme. Ceci est important à savoir, et le cultivateur qui voudrait utiliser les vidanges dans son agriculture, ne devra pas oublier que celles qui proviennent des restaurants, sont plus riches en principes fertilisants que celles qui sont fournies par les casernes et les prisons. Mais ce qui rend par-dessus tout les déjections de l'homme propres au développement du blé, c'est un corps déjà connu de nous.

C'est le phosphate ammoniaco-magnésien qu'elles contiennent, composé indispensable à la formation des grains du blé. Si cette analyse n'était pas suffisante pour justifier, aux yeux du praticien de nos campagnes, la valeur de ces matières employées comme engrais, il lui suffira de se rappeler le principe que nous avons émis, à savoir : que le meilleur engrais d'une récolte est celui qui est formé par les détritus de cette récolte et alors il sera convaincu que les déjections solides de l'homme doivent être pour les champs qui nous ont donné le blé, dont nous sommes nourris, de puissants moyens de fertilisation.

Mais malgré leur valeur fertilisante, que personne n'ose contester, nous ne voyons pas que ces engrais soient encore d'une application générale ; et cependant ils procureraient à notre agriculture d'immenses ressources. Cela tient sans doute au sentiment de répulsion et de dégoût naturel que leur emploi présente, puisque leur usage devient plus facile lorsqu'ils sont transformés en poudrette.

Mais si la poudrette a l'avantage d'affranchir la pratique du dégoût que ces matières inspirent, nous avons le regret de constater que, sous cette forme, les déjections humaines ont perdu la majeure partie de leurs principes fertilisants azotés et solubles. On a aussi objecté, contre leur emploi, que les plantes qui venaient sur des sols fumés avec ces engrais acquéraient un goût qui trahit leur origine et en rendent la vente difficile. En admettant qu'il en soit ainsi, cela ne saurait en condamner l'emploi pour les plantes industrielles ou oléagineuses. Quant aux cultures de plantes alimentaires, on pourrait éviter cet inconvénient en les mélangeant avec d'autres engrais. Aussi la raison, et si ce n'est la raison, la nécessité, obligera un jour les cultivateurs à les utiliser pour fertiliser leurs sols.

Cela est si vrai que nous voyons déjà quelques tendances de l'agriculture vers ce but. Ainsi, dans les fermes importantes où existent des fosses à fumier, les cultivateurs ont le soin de faire établir sur leur fosse à purin une guérite à latrines, pour le personnel de l'exploitation. Il est vrai que, dans ce cas, l'emploi de ces matières devient très-facile : délayées dans le purin, elles viennent par arrosement se mêler à la masse du fumier et en augmenter la valeur.

Mais dans d'autres fermes, qui ne sont pas pourvues de fosses à fumier, les cultivateurs intelligents, pour utiliser aussi les déjections de leur personnel, ont soin de l'obliger, lorsqu'il n'est pas aux champs, à se porter, pour y déposer ses déjections, vers un endroit abrité par quelques planches et où se trouve un tonneau enfoncé dans le sol. Ce moyen simple permet de recueillir facilement les déjections du personnel de la ferme.

Maintenant, lorsque l'on en aura recueilli une certaine quantité, comment les employer?

Dans le but de parer aux inconvénients de la mauvaise odeur et du dégoût que peut inspirer l'emploi d'un pareil engrais, et aussi pour en maintenir les principes fertilisants azotés, la science nous offre plusieurs moyens simples, économiques, et par cela même à la portée des praticiens. M. Siret a indiqué, pour remplir ce but, l'emploi du mélange suivant :

53 parties de plâtre cuit pulvérisé;
40 — de couperose verte (sulfate de fer);
5 — de couperose blanche (sulfate de zinc);
2 — de poussier de charbon.

Ces matières pulvérulentes forment un mélange qui, à la dose de 15 grammes délayés dans un demi-litre d'eau, suffisent pour désinfecter complètement les déjections journalières d'un individu. M. Siret estime qu'avec une dépense de trois centimes par jour on peut rendre complètement inodores les déjections de trois ou quatre personnes.

Le procédé suivant, dû à M. Herpin, est encore plus simple et paraît plus à la portée du cultivateur.

Cela consiste en :

12 kilos plâtre en poudre;
2 — poussier de charbon.

qui sont suffisants pour solidifier et désinfecter les déjections d'une personne pendant une année. En supposant le personnel d'une ferme ordinaire à douze individus, il faudrait donc annuellement 144 kilos plâtre et 24 kilos poussier de charbon. En simplifiant et en agissant tous les mois, il faudrait, pour un pareil personnel, 12 kilos de plâtre et 2 kilos de charbon. Il suffira donc au cultivateur de mélanger cette quantité de plâtre et de charbon pour désinfecter les déjections de son personnel pendant un mois. Il mélangera ensuite ces matières désinfectées avec des terres qui les dessécheront et lui produiront ainsi annuellement quelques hectolitres de poudrette, préférable à celle qu'il trouve dans le commerce et qu'il paie au prix moyen de 4 francs l'hectolitre. Tel est le moyen le plus simple à l'aide duquel le cultivateur de nos campagnes pourra utiliser les déjections de son personnel. Et puisqu'en agriculture, c'est toujours l'engrais qui fait défaut, on doit tout tenter pour n'en pas perdre.

De l'emploi des déjections.

Nous avons maintenant à examiner comment sont employées les déjections humaines dans les localités où leur usage s'est en quelque sorte généralisé. Les bons exemples, comme nous allons le voir, ne nous manqueront pas ; mais les méthodes sont différentes. Nous voyons en effet que, dans l'Isère, les cultivateurs emploient les vidanges d'hiver, immédiatement au sortir des fosses à la dose de 200 hectolitres par hectare, sur les terres légères destinées à la culture du chanvre. Si les terres sont fortes ou argileuses ils élèvent la dose jusqu'à 250 hectolitres.

Dans les environs de Lyon, on répand aussi les vidanges immédiatement après leur extraction, sur les blés et les seigles durcis par la gelée, à la dose de 150 à 180 hectolitres, et aussi sur les terrains destinés à être ensemencés en chanvre, orge et pommes-de-terre. C'est à l'aide de pareils moyens que des terrains maigres, des environs de Lyon, ont été complètement transformés en terres fertiles, qui ont procuré à des pays pauvres une honnête aisance.

Dans le Var, dans les environs de Grasse, on utilise encore les vidanges pour fumer la vigne, l'olivier et le figuier.

Mais c'est surtout dans le Nord de la France et

dans l'Alsace qu'on sait tirer le meilleur parti de ces matières ; elles y sont l'objet de soins particuliers et forment l'engrais habituel de ces localités, où il est connu sous le nom de *gadoue*, *courte graisse* ou *engrais flamand*. Les cultivateurs viennent quelquefois de très-loin rechercher dans les villes les matières mêmes des vidanges. Tous les fermiers de ces localités possèdent, soit près de leurs bâtiments, soit à l'extrémité des champs qui forment la lisière des chemins, de véritables caves en maçonnerie, de grandeur variable, mais qui peuvent contenir quelquefois jusqu'à 2 ou 3,000 hectolitres d'engrais. Ces caves sont pavées en grès, mais les côtés et la voûte sont en briques. Ces fosses présentent deux ouvertures, l'une plus grande placée à la voûte et qui sert à l'introduction des matières et à l'extraction lorsqu'il en est besoin ; l'autre, plus petite, qui est placée dans le mur du côté du nord, reste continuellement ouverte et donne ainsi accès à l'air pour maintenir dans ces engrais une fermentation lente et modérée.

Pour être d'un bon usage, il faut que ces matières aient fermenté quelque temps (5 à 6 semaines), et qu'elles aient une certaine viscosité. Si elles sont trop épaisses, on les allonge avec l'urine du bétail de la ferme ; si, au contraire, elles sont trop liquides, on les rend plus épaisses en y délayant des tourteaux de graines. Lorsque ces matières ont été préparées convenablement, elles constituent un engrais qui est propre à toute espèce de cultures et qui convient à toutes les natures de terre.

Voici maintenant comment les cultivateurs les emploient :

Lorsque les semailles sont faites, on conduit le soir sur les champs une charge d'engrais, avec un baquet de la capacité de deux hectolitres. Le lendemain on procède à l'épandage de la manière suivante : On commence à remplir, sur un coin du champ, le baquet d'engrais.

Alors un ouvrier bien exercé prend une cuiller en bois, fixée à un manche de 2 ou 3 mètres de longueur, il puise de l'engrais dans le baquet et le répand uniformément autour de lui à une distance de six à sept mètres. Le baquet épuisé, on le transporte un peu plus loin, on le remplit et on recommence la même opération.

L'engrais flamand est un engrais précieux, très-énergique. Il imprime à la végétation un développement qui assure au cultivateur une bonne récolte. C'est surtout pour le colza qu'il est très-estimé. On en porte la dose à 300 hectolitres par hectare. Toutefois, l'action de cet engrais n'est pas de longue durée, car il n'agit que sur la récolte d'une année.

De la poudrette.

Dans bien des localités et dans nos contrées, les vidanges sont utilisées à l'état de poudrette. Si dans cet état leur emploi ne cause pas le même dégoût que l'engrais flamand, en revanche elles ont perdu la majeure partie de leurs principes fertilisants.

Voici en quelques mots comment se prépare la *poudrette* :

Les vidanges, avant leur extraction, sont désinfectées à l'aide des moyens indiqués par des ordonnances de police. Le but de cette opération est d'abord de sauvegarder la salubrité publique et en même temps de fixer l'azote que contient l'ammoniaque qui s'est formé par la fermentation dans les fosses. Une fois désinfectées et extraites des fosses, ces matières sont transportées au-dehors des villes et déposées dans d'immenses bassins, disposés en gradins et communiquant ensemble. Là ces matières se divisent en deux couches, l'une liquide, l'autre demi-solide. On décante la partie liquide qu'on fait rendre dans un des bassins inférieurs, où elle dépose encore une partie solide. Enfin, ces matières solides sont retirées des bassins ; on les porte sur une place en dos d'âne pour en faciliter la dessiccation. Mais là, tantôt l'ardeur du soleil leur fait perdre leur azote, tantôt les pluies qui viennent les mouiller les lavent en entraînant la majeure partie de leurs principes solubles.

Enfin, lorsqu'avec le temps elles sont arrivées à un état à peu près pulvérulent, on les passe à la claie et elles forment l'engrais que l'on livre à l'agriculture sous le nom de *poudrette.*

Le cultivateur intelligent comprendra très-bien qu'à l'aide d'un pareil traitement ces matières perdent la majeure partie de leurs principes fertilisants, et que les procédés, qui peuvent varier suivant les localités, font de la poudrette un engrais de composition très-différente. La poudrette de Paris qui est, en général, la plus estimée, offre en moyenne la composition suivante, sur 100 parties :

Humidité	20	»
Matières organiques et sels azotés	34	»
Phosphate de chaux et de magnésie	10	01
Sels solubles	9	95
Matières terreuses	26	04
	100	00

Azote 1 98 °/₀, soit 2 °/₀.

L'hectolitre pèse en moyenne 75 kilos et est livré à l'agriculture au prix de 4 francs. L'agriculteur, dans un hectolitre de poudrette, reçoit du commerce 1 kilo 500 azote et 7 kilos 500 de phosphate.

Si maintenant nous venons à comparer, au point de vue de l'azote, la valeur d'une pareille poudrette au fumier de ferme, nous trouvons que 1,000 kilos de fumier contenant 4 kilos d'azote et 100 kilos de poudrette = 2 °/₀, il faudrait 200 kilos de poudrette ou 2 hectolitres 75 litres pour égaler 1,000 kilos de fumier. 200 kilos d'une pareille poudrette sont donc, au point de vue de l'azote, l'équivalent de 1,000 kilos de fumier.

La poudrette d'Orléans est en général moins riche en azote que la poudrette de Paris ; mais en revanche elle est livrée à l'agriculture à un prix inférieur; elle présente sur 100 la composition moyenne suivante :

Humidité	26	40
Matières organiques et sels azotés	19	»
Phosphate de chaux et de magnésie	10	35
Matières terreuses	37	25
Sels solubles	7	»
	100	00

Azote 1 39 %.

Cette poudrette pèse aussi en moyenne 75 kilos à l'hectolitre. L'agriculteur, dans un hectolitre de poudrette d'Orléans, reçoit pour 3 fr. 50 c. 7 kilos 500 phosphate et 1 kilo 4 gr. azote. Si nous comparons, au point de vue de l'azote, la valeur de cette poudrette au fumier, nous verrons qu'il faudrait 288 kilos de cet engrais pour remplacer 1,000 kilos de fumier. 288 kilos poudrette d'Orléans sont donc, au point de vue de l'azote, l'équivalent de 1,000 kilos de fumier.

Emploi de la poudrette.

Malgré les déperditions qu'ont subies les vidanges dans leur transformation en poudrette, cet engrais, s'il n'a pas été additionné de matières terreuses étrangères, conserve encore néanmoins une certaine action assez énergique, mais qui est de peu de durée. La poudrette produit sur les sols argileux de très-bons effets, mais qui n'ont rien de comparable à ceux produits par l'engrais flamand. L'emploi de la poudrette est facile ; il consiste à la répandre sur le sol avant l'ensemencement. Les quantités doivent varier suivant sa richesse fertilisante, mais s'élever au moins au chiffre de 20 à 30 hectolitres, si l'on veut obtenir des résultats convenables.

L'étude que nous venons de faire ici convaincra le cultivateur de la valeur fertilisante des déjections de l'homme et de l'intérêt qu'il y a pour lui à les utiliser. Si elles conviennent à toutes les terres, cependant employées à l'état humide elles conviendront mieux aux terres légères ; à l'état de poudrette on les réservera aux sols argileux. Les cultivateurs qui voudront les employer ne devront pas perdre de vue qu'elles ont une action prompte et immédiate, mais qui n'a pas de durée. Ce sont des engrais qui, en effet, donnent vite ce qu'ils ont à donner sans laisser à nos sols de l'humus, ce principe dont quelques-uns ont si grand besoin et qu'il est nécessaire de procurer aux terres qu'on veut rendre fertiles.

CHAPITRE VII.

Sang, chair des animaux. — Os.

Le sang des animaux est pour nos sols un engrais assez puissant. Le raisonnement le fait supposer et la majorité des praticiens sait à quoi s'en tenir sur ce sujet. Quant aux cultivateurs qui pourraient l'ignorer encore, il suffit de mettre sous leurs yeux l'analyse suivante :

1,000 grammes de sang frais contiennent en moyenne :

800	grammes d'eau ;	
192	—	matières organiques ;
8	—	matières minérales.

Les 192 grammes de matières organiques contiennent 29 grammes d'azote ; soit, sur 100 kilos de sang liquide, 2 kilos 900 grammes d'azote.

8.

Les 8 grammes de matières minérales sont formés de tous les sels qui concourent le plus au développement des récoltes.

Malgré la valeur réelle du sang comme engrais, nous ne voyons cependant guère l'agriculture en faire usage. Il faut avouer d'abord que l'emploi n'est pas toujours facile pour le praticien, car il peut rencontrer quelques obstacles pour s'en procurer des quantités qui méritent d'être employées. Il n'est guère possible, en effet, d'obtenir du sang en abondance que dans les abattoirs des villes, ou dans les clos d'équarrissage. Le sang des abattoirs des villes est généralement acheté par les industriels, et le sang des clos d'équarrissage est ordinairement utilisé dans les lieux mêmes, avec la viande des animaux, pour la confection d'engrais ou de composts qui sont plus tard livrés à l'agriculture.

Mais admettons les choses pour le mieux et supposons que quelques cultivateurs puissent s'en procurer, soit chez les bouchers des campagnes ou des petites villes, soit dans les petits clos d'équarrissage qui sont établis maintenant dans les campagnes, nous avons à indiquer à ces praticiens quelles sont les règles à suivre pour tirer du sang, comme engrais, tout le parti possible.

Le sang, tout le monde le sait, est liquide au sortir des veines ; mais il ne tarde pas par le refroidissement à former des caillots.

Néanmoins, on peut le maintenir à l'état liquide par une forte agitation avant son refroidissement. Dans son état liquide, le sang marque 6 à 7 degrés à l'aréomètre de Baumé; il est d'abord important que le cultivateur sache cela, parce que si on lui livrait du sang liquide qui ne marquerait que 3 ou 4 degrés, c'est que le vendeur l'aurait additionné d'eau. Mais ce n'est point à l'état liquide qu'il sera convenable que le praticien l'emploie, car sa putréfaction rapide en rend l'usage incommode, en même temps qu'il ne saurait favoriser convenablement la végétation des récoltes qui se développent lentement.

Pour faciliter l'emploi du sang en agriculture, on a proposé différents moyens, dont voici ceux qui paraissent les plus pratiques.

M. Peplowski conseille d'ajouter à 100 kilos de sang frais 3 kilos de chaux vive. Au bout de peu de temps le sang se coagule et forme une masse que l'on peut comprimer et dessécher. Ainsi préparé et puis pulvérisé, il forme un engrais d'un transport et d'un emploi facile, mais d'une décomposition rapide, qui ne saurait convenir aux cultures dont le développement est assez long.

Un autre moyen, plus simple et plus commode, nous a été donné par M. Payen. Il consiste à faire dessécher au four, après la cuisson du pain, de la terre exempte de mottes et de pierres. On retire ensuite cette terre chaude sur le devant du four, et on l'arrose avec un cinquième de son poids de sang qu'on mélange convenablement. On renfourne ensuite la masse et on la remue jusqu'à dessiccation complète. Cette terre ainsi imprégnée de sang et desséchée peut être conservée dans des barils jusqu'au jour où on l'emploie, et son action sur les plantes est plus régulière et moins prompte que celle du sang liquide. A l'aide de cette méthode simple, le cultivateur pourra donc utiliser le sang, soit liquide, soit en caillots.

Ce moyen est du reste suivi avec avantage à la ferme-modèle de la Saulsaie, dans le but de combler annuellement le déficit forcé du fumier de l'exploitation. On va tous les jours chercher à Lyon le sang des boucheries et on le traite ainsi :

On le verse en arrivant à la ferme sur de la terre sèche et un ouvrier mélange le tout avec soin, en ajoutant un peu de plâtre et de poussier de charbon, pour la conservation des gaz ammoniacaux. Ce compost ainsi préparé est répandu comme complément de fumure, à raison de 30 hectolitres par hectare, soit en même temps que la semence, soit en couverture au printemps, sur le froment d'automne.

Tels sont les moyens que le cultivateur devra employer pour utiliser avec avantage le sang toutes les fois qu'il pourra s'en procurer en quantité convenable. Si nous recherchons maintenant comment il est utilisé dans l'industrie, nous verrons que dans les clos d'équarrissage, où il s'en trouve des quantités considérables. Dans le but de le conserver, puisqu'il n'est pas possible de le garder à cause de sa prompte décomposition, on le fait coaguler, soit par un jet de vapeur, soit au moyen des acides. Le sang coagulé est ensuite soumis à la presse et desséché. Arrivé à cet état, il est très-facile à diviser et forme une poudre brun-rougeâtre, dont l'odeur n'a rien de repoussant, et il est par cela même d'un emploi et d'un transport faciles. S'il n'a pas été additionné de matières étrangères, il présente en moyenne la composition suivante sur 100 kilos :

Eau..........................	17 k.	» gr.
Matières organiques............	78	»
Phosphate de chaux.............	4	670
Sels alcalins et matières terreuses.	»	330
	100	000

Les 78 kilos de matières organiques contiennent en moyenne 12 kilos d'azote et les 100 kilos de sang se livrent habituellement à l'agriculture au prix de 20 francs les 100 kilos. Le cultivateur, qui voudrait l'employer pour fertiliser son sol, ne devra pas oublier que le sang desséché est un engrais incomplet ; qu'il ne peut fournir au sol que de l'azote et peu de phosphate ; que par cela même il ne convient guère qu'aux plantes herbacées, prairies naturelles et artificielles, qui ne fourniront pas de grains ; et pour qu'il produise tout son effet sur ces cultures, il est important de le répandre au printemps et par un temps pluvieux; sa composition nous indique que pour fournir autant d'azote que 10,000 kilos de fumier, il en faudrait de 350 à 400 kilos par hectare.

Au point de vue de l'azote, en supposant 12 °/o d'azote dans le sang desséché, 33 kilos de sang équivalent donc à 1,000 kilos de fumier. Le sang desséché, eu égard au prix auquel le commerce le livre à l'agriculture et aussi parce qu'il ne constitue qu'un engrais incomplet, n'est guère employé seul par les cultivateurs. Pendant longtemps il fut expédié aux colonies pour fertiliser ces terres lointaines; mais dans ces dernières années, l'industrie a su en tirer un parti plus avantageux, en le faisant entrer dans divers guanos artificiels. Ces engrais si divers permettent au cultivateur d'utiliser les ressources de notre pays sans les disperser au-dehors.

Chair des animaux morts.

L'étude que nous venons de faire suffirait pour faire comprendre au cultivateur que la chair des animaux, qui n'est autre que du sang modifié, doit être un bon engrais, et personne n'ignore que le terreau produit par la décomposition des chairs animales est très-propre à fertiliser le sol. Cependant nous ne voyons guère, dans les fermes, utiliser avec profit la chair des animaux qui y meurent.

En effet, en règle générale, les volailles mortes sont jetées sur le fumier. Si ce sont des moutons, des veaux, des vaches ou des chevaux, on enlève la peau et on mène les corps sur les champs. Jadis on les laissait ainsi pourrir et devenir la proie des animaux carnassiers. Aujourd'hui, grâce aux ordonnances de police et de salubrité publique, on doit les enterrer.

Par ce moyen, la chair des animaux qui, comme nous l'établirons tout-à-l'heure, a une valeur agricole importante, est complètement perdue pour les champs du cultivateur. Il est pourtant quelques moyens simples et pratiques, qui permettraient au cultivateur de convertir en bons engrais les débris de ses animaux morts.

Ces animaux dépouillés de leurs peaux devraient d'abord être dépécés, puis ensuite placés par morceaux dans une fosse ; on les recouvrirait de chaux vive et de terres fournies par l'excavation. Il faudrait bien combler la fosse et donner à la terre, qui dépasserait le niveau du sol, une forme prismatique, pour empêcher les carnassiers de venir déterrer ces débris ; au bout d'un mois ou deux, on ouvre la fosse, on met à part les os, on mêle le tout avec de bonnes terres et on en forme de petits monticules, qu'on abandonne ainsi jusqu'au jour où on voudra employer l'engrais. On obtient par ce procédé un mélange terreux très-fertilisant. Les os mis de côté sont ensuite desséchés, brûlés et réduits en poudre, puis mélangés au fumier ou répandus sur les champs.

Un autre moyen plus simple et très-pratique est le suivant :

On fait dissoudre dans 50 litres d'eau 2 kilos de cristaux de soude du commerce et autant de sulfate de fer (couperose verte). Les débris des animaux morts sont plongés dans ce liquide pendant 2 ou 3 heures; on les retire ensuite et on les accroche sous des hangars, où ils dessèchent. Ainsi desséchés, ils se pulvérisent très-facilement et constituent une matière pulvérulente qui dose 12 °/₀ de son poids d'azote. Les os mis de côté sont traités et employés de la même manière que ci-dessus.

En voyant des moyens aussi simples et aussi pratiques, on se demande pourquoi les cultivateurs de nos campagnes ne les emploient pas. L'engrais qu'ils obtiendraient ainsi serait une compensation de leurs pertes.

Mais c'est en industrie que nous voyons encore utiliser avec intelligence tous ces débris d'animaux. Les parties charnues sont placées dans des chaudières avec de l'eau; on chauffe ensuite pour en opérer la cuisson. Dès que les viandes sont cuites, on les retire, on les soumet à la presse, puis on les fait dessécher. Arrivées à cet état, elles se réduisent aisément en poudre et elles sont d'un transport et d'un emploi faciles, en même temps qu'elles forment un engrais très-riche en azote. Les bouillons qui provienneni de la cuisson, ont acquis une certaine valeur agricole et sont aussi utilisés par les industriels pour animaliser certaines substances végétales et en faire des composts de valeurs diverses.

La chair desséchée offre la composition moyenne suivante, sur 100 kilos :

Eau....................	10 k.	» gr.
Matières organiques.......	84	780
Phosphate de chaux.......	2	400
Sels alcalins et terreux. ...	2	820
	100	000

Les 84 kilos 780 grammes de matières organiques dosent 10 à 11 kilos azote. Il résulte de ceci, qu'au point de vue de l'azote, 40 kilos de chair desséchée équivalent à 1,000 kilogrammes de fumier.

Emploi de la chair desséchée.

La chair desséchée étant aussi un engrais incomplet, quoique très-riche en azote, est, comme le sang, d'une décomposition très-facile et par-dessus tout propre à la croissance des plantes herbacées et à celle des plantes potagères. L'analyse nous démontre que, comme c'est un engrais incomplet, on ne doit guère s'en servir qu'à titre de fumure complémentaire. La dose serait de 300 à 400 kilos, qu'on emploierait de la manière suivante. On la répandrait à l'automne, à la volée, avant ou après l'ensemencement, sur les sols légers.

On aurait soin de la mêler le mieux possible avec la couche superficielle du sol. Si on voulait s'en servir sur les terres fortes, on la répandrait alors au printemps, sur les labours des semailles, ou sur les plantes en végétation. Malgré sa valeur agricole, la chair desséchée est peu utilisée seule, et les industriels qui la préparent la font servir, avec le sang desséché, à la préparation de différents engrais artificiels, qu'ils livrent à l'agriculture.

Os des animaux.

Les os des animaux sont pour nos champs un engrais précieux et justement apprécié des cultivateurs. C'est ce que justifie l'analyse suivante, représentant la composition moyenne des poudres d'os, que le commerce livre à l'agriculture.

100 kilos de poudre d'os contiennent en moyenne :

	k.	gr.
Eau........................	10	»
Matières organiques..........	27	500
Phosphate de chaux..........	54	400
Phosphate de magnésie.......	2	700
Carbonate de chaux et sels....	5	400
	100	000

Les 27 kilos 500 matières organiques contiennent 4 kilos 250 à 4 kilos 500 d'azote. Cette analyse nous fait comprendre que les os sont très-aptes à fournir à nos récoltes d'abord de l'azote, mais en outre beaucoup de phosphate de chaux, si nécessaire au développement de leurs graines. Les os présentent donc à ce point de vue, sur tous les autres engrais, une supériorité marquée. Ajoutons que jusque dans ces derniers temps, c'est-à-dire jusqu'à la découverte des phosphates minéraux fossiles, ils étaient pour le praticien le seul moyen de réparer, en phosphate, les pertes annuelles que subit forcément le sol. Le cultivateur ne devra jamais oublier que l'épuisement du sol en phosphate est la chose la plus fâcheuse qui puisse arriver; car c'est la cause de la stérilité complète du sol. Les Anglais l'ont si bien compris, qu'ils emploient des quantités considérables d'os et qu'ils n'ont reculé devant aucun sacrifice, pour s'en procurer partout où ils ont pu en ramasser.

Ceci suffit pour faire comprendre au praticien l'intérêt, qui s'attache à conserver, avec soin à la ferme, tous les os qu'il peut y rencontrer. Dans le but de les utiliser, il aura recours aux moyens suivants :

Il pourra d'abord former avec les os et des broussailles un tas auquel il mettra le feu. Les os en brûlant deviendront friables et par cela même très-faciles à pulvériser. Ainsi pulvérisés, il les répandra sur ses champs ou bien il les mélangera à son fumier. Par ce premier moyen, il est vrai que le cultivateur perdra tout l'azote que ces os contiennent, puisque la combustion l'aura dégagé à l'état de composés ammoniacaux, mais il profite du phosphate de chaux.

Un autre moyen consiste à les mettre en tas et à les recouvrir de terre. On les laisse fermenter jusqu'à ce qu'ils soient faciles à pulvériser.

Enfin, on pourrait encore les enfouir dans le fumier, où la fermentation ne tardera pas à les dissoudre.

Mais lorsqu'on voudra employer ces os plus en grand, on devra s'adresser au commerce, qui les livre généralement sous les formes suivantes :

Os entiers,
Poudres et sciures d'os,
Os dégélatinisés,
Os acidifiés,
Noir animal.

Le cultivateur pourrait d'abord acheter dans le commerce des os dégraissés et les pulvériser lui-même ; mais ces matières sont assez difficiles à pulvériser; elles exigent une force assez considérable et des machines diverses. Aussi a-t-on plus d'avantage à les acheter tout pulvérisés, ou à l'état de sciures qui proviennent des usines, où les os sont travaillés pour faire des boutons ou autres objets. Toutefois, avant d'acheter de la poudre d'os, le cultivateur devra bien se renseigner sur la valeur de cet engrais, qui peut varier d'une manière notable, et aussi sur l'état de division plus ou moins grande qu'il aura. Plus la poudre d'os sera fine, plus son action sera prompte et plus par cela même on pourra en diminuer la dose.

Emploi de la poudre d'os.

ar sa richesse en phosphate, la poudre d'os était en principe l'engrais par excellence des terres qui manquent de cet élément, comme par exemple, les terres de défrichement. Mais l'emploi du noir, qui est moins coûteux, est d'abord venu la remplacer avec avantage dans ce cas, et aujourd'hui, comme nous le verrons plus tard, les phosphates minéraux semblent destinés à remplir le même but.

Mais lorsqu'on veut s'en servir comme fumure dans la culture ordinaire, on répand les os au printemps sur les prairies, ou bien en même temps que les semences, dans les terres à grains.

Dans la principauté de Nassau, on regarde comme suffisante pour fertiliser un hectare de terre, la dose de 6 à 700 kilos de poudre d'os. En Angleterre on élève la dose de 12 à 1,500 kilos, lorsqu'ils ne sont pas bien pulvérisés. Dans le cas contraire, la dose est diminuée d'un tiers. L'effet se prolonge, dit-on, pendant trois ans sur les terres labourées et six ans sur les prairies. Mais c'est surtout pour la culture des turneps et des raves que l'on réserve la poudre d'os en Angleterre. On la répand avec la graine et avec le même semoir, par ce moyen la semence et la poudre d'os mélangées arrivent en même temps au point qui doit recevoir la semence, et pour ces cultures la dose employée est de 13 à 20 hectolitres à l'hectare, suivant la richesse du sol.

En admettant, comme fumure d'un hectare de terre, la dose de 1,000 kilos et en prenant pour base l'analyse que nous avons vue plus haut, nous trouvons que 100 kilos poudre d'os sont environ l'équivalent en azote de 1,000 kilos de fumier; mais puisque la poudre d'os contient 53 kilos de phosphate de plus que le fumier, on voit facilement que fumer de temps en temps le sol avec de la poudre d'os est un bon moyen d'en éviter l'épuisement en phosphate.

Os dégélatinisés.

Sous ce nom, les fabricants de gélatine peuvent livrer, soit au commerce, soit à l'agriculture, le phosphate des os privé de sa partie organique azotée, qu'ils ont transformé, par divers procédés, en gélatine.

Ce phosphate des fabriques de gélatine n'est pas pur, il ne contient en moyenne que 70 °/₀ de phosphate de chaux. Avant la découverte des phosphates fossiles, l'agriculture pouvait l'utiliser avec avantage pour augmenter la dose du phosphate de chaux dans les fumiers; mais aujourd'hui, comme nous le verrons plus loin, l'usage du phosphate minéral le remplace avec économie. Il ne peut donc guère être utilisé que par les marchands d'engrais, qui le mêlent avec du sang, de la viande et en fabriquent ainsi des guanos artificiels, tout à la fois phosphatés et azotés. Il est aussi utilisé par les marchands de noir, pour relever le titre en phosphate des noirs qui sont pauvres de cet élément fertilisant.

Os acidifiés.

On désigne sous ce nom les os qui ont été traités par un acide.

Cette manière de traiter les os dont l'initiative est due, selon les uns à Liébig, selon les autres au duc de Richmond, président de la Société royale d'agriculture d'Angleterre, a pour but d'accélérer l'action des os et de rendre l'assimilation du phosphate de chaux, qu'ils contiennent, aussi prompte que possible.

Voici comment on opère pour obtenir ce produit. On mêle 100 kilos de poudre d'os avec 150 litres d'eau et on ajoute 50 kilos acide sulfurique (huile de vitriol du commerce) et on agite le tout. 24 heures après, le mélange a la consistance d'une bouillie épaisse. Si on voulait la répandre sur les champs en arrosements, il faudrait délayer la masse de manière à la rendre bien liquide. Mais pour éviter l'inconvénient de la répandre à l'état liquide, au lieu de l'étendre d'eau, on y ajoute, au contraire, de la terre desséchée, de la tourbe ou de la sciure de bois, pour l'amener à un état pulvérulent et d'un épandage facile. Les bons effets obtenus avec les os ainsi traités, en ont généralisé l'emploi en Angleterre, et bon nombre de fabriques de ce pays livrent annuellement des quantités considérables d'os acidifiés, sous le nom d'os dissous, d'os vitriolisés, phosphate acide de chaux, ou super-phosphate de chaux.

L'action de cet engrais est surtout avantageuse pour les cultures de navets, de turneps et de rutabagas. En l'employant même sur le blé, comparativement avec le fumier d'écurie et le guano, on a obtenu à l'aide de ce moyen un cinquième de récolte en plus, et la fumure n'avait coûté par hectare que 7 fr. 50 de plus. Le petit nombre d'essais qui ont été faits en France ont aussi donné naissance à d'excellents résultats.

Aussi voyons-nous depuis quelque temps les marchands d'engrais proposer à notre agriculture des Guanos artificiels, contenant du super-phosphate de chaux en certaine proportion. Ne doutons pas que l'emploi de pareils engrais ne donnent naissance à de bons résultats, mais disons aux praticiens que le super-phosphate de chaux ne saurait convenir, en aucune manière, aux terres exemptes de calcaire. L'action si avantageuse des os acidifiés, ou super-phosphate de chaux sur le sol, s'explique de la manière suivante :

Toutes les substances qui doivent nourrir nos récoltes ne peuvent le faire qu'à la condition qu'elles puissent se dissoudre dans l'eau qui formera la sève. Le phosphate de chaux des os est insoluble par lui-même et on admet que dans les conditions ordinaires, il devient soluble au moyen de l'acide carbonique qui se trouve dans le sol, et il passe ainsi dans la sève de nos récoltes. Mais lorsqu'on traite les os par l'acide sulfurique, le phosphate de chaux qu'ils contiennent se trouve transformé par décomposition en un nouveau composé phosphaté soluble, qu'on désigne sous le nom de super-phosphate de chaux, phosphate acide de chaux, phosphate de chaux soluble. En répandant ce nouveau composé soluble sur un sol calcaire, il ne tarde pas à redevenir ce qu'il était avant le traitement par l'acide, mais dans un état de division infime qui permet alors à l'acide carbonique du sol de le dissoudre plus facilement et en plus grande quantité. Alors l'absorption par les plantes en devient plus facile et par cela même plus profitable aux récoltes. Il nous reste maintenant à étudier le noir animal.

CHAPITRE VIII.

Noir animal.

Parmi les produits que peuvent fournir les os à l'agriculture il n'en est guère de plus important que le noir animal ou charbon d'os. Préparé en grand dans l'industrie, ce produit s'obtient en brûlant des os dans des vases clos ; par ce moyen on détruit la majeure partie de la matière organique azotée et il reste, comme résidu de la combustion, un charbon très-riche en phosphate de chaux, noir, spongieux et très-convenable pour décolorer et clarifier différents produits industriels. Ce charbon employé à cause de ces propriétés, soit par les fabricants de sucre pour décolorer leurs sirops, soit par les raffineurs pour clarifier les sucres, revient ensuite à l'agriculture sous le nom générique de noirs de raffineries. Telle est l'origine des noirs employés aujourd'hui en agriculture.

Pendant longtemps, ces résidus si précieux, si utiles pour les défrichements des landes, encombraient les usines et étaient jetés aux décharges publiques; leur introduction en agriculture ne date guère que 1820 à 1822 et nous sommes redevables de cette belle et utile application, tant aux indications données par M. Payen, qu'aux efforts de M. Ferdinand Favre, maire de Nantes, qui le premier en recommanda l'emploi. Les premiers essais faits furent couronnés des plus heureux succès et vinrent changer complètement la face des choses. On vit alors déterrer avec empressement tous ces résidus que l'on avait employés pour remblayer les terrains, et le prix s'en éleva successivement dé 2 fr. l'hectolitre à 12 et même 14 francs. L'agriculture de l'ouest de la France entrait alors dans une nouvelle phase de développement qui se continue tous les jours et qui a permis de rendre productives des landes immenses qui jadis étaient incultes.

Quoique le progrès en agriculture se fasse encore longtemps attendre, la Sologne ne pouvait pourtant rester indifférente aux merveilleux effets obtenus, dans l'ouest de la France, par l'emploi des noirs. L'analogie de composition de son sol exempt de calcaire et d'acide phosphorique, les nombreuses bruyères qui couvrent une grande partie de sa surface, tout pouvait faire supposer l'utilité de l'emploi des noirs dans les défrichemens de ces landes, qui jusqu'alors ne pouvaient se faire qu'à l'aide du calcaire, dont l'usage devenait trop coûteux. M. le vicomte de Romanet, membre de la Société impériale d'agriculture, fut un des premiers qui entreprit d'appliquer le noir aux défrichemens des bruyères de la Sologne. Le succès qu'il obtint dépassa ses espérances. De pareils essais répétés par d'autres propriétaires produisirent les mêmes résultats et, depuis lors, de nombreux défrichements s'y font tous les ans aussi bien par les petits que par les grands propriétaires. Chacun avait compris désormais l'avantage réel qu'il y avait à en agir ainsi. La Sologne, elle aussi, entra alors dans une voie de prospérité nouvelle, qui se continue tous les jours. Il serait difficile de calculer aujourd'hui la quantité d'hectares de bruyères qui ont été et qui sont arrachés à leur stérilité et transformés en belles moissons de seigle par l'emploi des noirs. — Ceci suffira pour faire comprendre comment l'usage des noirs est devenu général dans l'agriculture des défrichements, et démontrera l'intérêt qu'a le praticien à bien les connaître pour pouvoir en faire une application intelligente. Le noir animal, tel qu'il sort des usines où l'on brûle les os, soit en morceaux, soit en poudre, porte le nom de *noir neuf* ou *noir vierge;* jusque là il n'a servi à aucun usage; il contient en moyenne sur 100 kilos, 72 kilos de phosphate de chaux et 1 kilo d'azote. Dans cet état, il serait très-propre à être utilisé pour les défrichements, et nous verrons plus tard pourquoi ; mais son prix trop élevé y met obstacle.

Il est donc livré à l'industrie des sucres et là, suivant l'usage qu'on en fera, il subira plusieurs modifications qui influeront sur sa composition première et le rendront propre à des applications spéciales en agriculture. En sortant donc des usines où l'on travaille le sucre, le noir, quoique présentant une composition variable, peut se rapporter à deux types distincts :

1° Le premier est représenté par les noirs qui sont ramassés sur les filtres qui ont servi à raffiner le sucre ; ils se présentent ainsi : s'ils sont mouillés, ils sont sous la forme d'une pâte grasse au toucher ; s'ils sont desséchés ils sont en poudre très-fine, homogène ; desséchés ils contiennent en moyenne sur 100 kilos 54 ou 60 kilos de phosphate de chaux et 2 à 3 kilos d'azote. Cette analyse nous démontre qu'ils sont plus azotés que les noirs vierges, mais moins riches en phosphate de chaux. Leur augmentation en azote vient du sang et du blanc d'œuf que le raffineur a mis dans sa chaudière pour raffiner son sucre. La diminution en phosphate tient à ce que le poids de la quantité employée par le raffineur, s'est augmentée par l'addition du sang et du blanc d'œuf. Nous désignerons, pour l'intelligence, les noirs de ce premier type sous le nom de *noirs azotés*.

2° Le second type des noirs est représenté par

ceux qui sont recueillis dans les filtres où l'on décolore les sucres. Ils sont sous forme de petits grains d'une texture serrée. Leur composition moyenne sur 100 kilos est de 68 à 80 de phosphate et pas même 1 0/0 d'azote. Ils sont donc moins azotés que les noirs qui ont servi à raffiner le sucre, mais ils sont plus riches en phosphate de chaux. Nous les désignerons pour la forme sous le titre de *noirs phosphatés.*

S'il faut attacher ici une certaine importance à faire connaître ces deux types, dont la composition peut néanmoins varier et que la pratique confond trop souvent, c'est pour faire comprendre que leur action sur le sol ne saurait être identique et dépendra essentiellement de la nature première du sol et de la manière dont il aura été plus ou moins bien cultivé. En effet la pratique constate dans l'emploi des noirs quelques faits importants que le praticien a intérêt à bien connaître.

Sur une terre fertile bien cultivée, telles que les bonnes terres de la Beauce et du Val d'Orléans, les noirs, à quelque type qu'ils appartiennent, soit *azoté*, soit *phosphaté*, resteront sans action sensible. Que pourraient faire en effet sur ces terres 5 hectolitres de noir qui forment la quantité habituelle qu'on en répand ? Cela apporterait au maximum à ces terres 12 à 15 kilos azote et 2 à 300 kilos phosphate ; mais ces terres en bon état de culture contiennent des quantités bien plus grandes de ces principes fertilisants. Ces quantités minimes d'azote et de phosphates sur des terres qui en sont bien plus riches, seront donc à peu près insignifiantes pour assurer une nouvelle récolte. Il n'est donc pas étonnant que dans ce cas l'addition des noirs sur de pareils sols reste sans action. Mais si les noirs, quelle que soit leur composition, sont sans action sur les terres fertiles et bien cultivées, il n'en sera plus de même sur des terres maigres, épuisées par des cultures répétées, auxquelles on n'a jamais donné de fumures suffisamment réparatrices et qui ont perdu beaucoup de leur fertilité première. Telles sont les terres silico-argileuses d'une partie de la Bretagne et de la Vendée. Dans l'état actuel où se trouvent ces terres, elles sont pauvres en matières organiques et en calcaire ; dans ce cas, le raisonnement indique, et les résultats pratiques obtenus établissent, que 5 hectolitres de *noirs azotés*, c'est-à-dire sortant des filtres du raffineur suffisent pour assurer au cultivateur de ces contrées, une récolte de sarrazin qui est la culture habituelle de ces localités. Ces 5 hectolitres de noirs apportent, en effet, aux sols du phosphate de chaux et 12 à 15 kilos d'azote dans un état de décomposition prompte, par cela même facilement assimilable et suffisant pour assurer la récolte. Mais si, au contraire, le cultivateur donnait à ces mêmes terres épuisées 4 ou 5 hectolitres de noirs appartenant au type *phosphaté*, qui est pauvre en azote, mais riche en phosphate, ce même praticien s'exposerait à ne pas avoir de récoltes. Ce noir pauvre en azote et riche en phosphate n'apporterait pas au sol des matières organiques et par cela même pas d'azote. Le phosphate, ne rencontrant pas les conditions nécessaires à son assimilation, resterait sans effet et la récolte du sarrazin ne se produirait pas.

Mais s'il s'agit d'un défrichement, la question va changer complètement. Ici, nous le savons, ce n'est pas la matière organique qui fait défaut ; au contraire, le sol en est généralement très-riche et alors l'azote fourni par la matière organique sera suffisant pour faciliter l'assimilation du phosphate. Dans ce cas, le praticien doit préférer les noirs riches en phosphate et pauvres en azote.

Le raisonnement et les résultats obtenus dans la pratique apprennent donc aux cultivateurs :

1° Que l'emploi des noirs ne produit qu'une action insignifiante sur les terres en bon état de culture comme on en trouve en Beauce et dans le val d'Orléans ;

2° Que sur les terres cultivées pauvres en matières organiques (telles sont celles d'une partie de la Bretagne et de la Vendée), le cultivateur, sous peine d'échec, doit employer du noir tout à la fois *azoté* et *phosphaté* ;

3° Que dans la pratique des défrichements, si la lande défrichée est pauvre en matières organiques, il faut avoir recours aux noirs tout à la fois *azotés* et *phosphatés* ; mais si, au contraire, la lande défrichée est très-riche en matières organiques, tels sont en général les défrichements de la Sologne, le cultivateur doit préférer les noirs pauvres en *azote* mais riches en *phosphates*. Enfin l'expérience et le raisonnement prouvent encore que les noirs, quelle que soit leur compositition, restent sans effet marqué sur les terres de défrichements marnées ou chaulées. La marne et la chaux, en absorbant les principes acides des sols défrichés, en y apportant eux-mêmes un peu de phosphate, enlèvent aux phosphates des noirs les chances de devenir solubles et par cela même immédiatement profitables aux récoltes ; leur action sur ces terres devient alors inappréciable.

Emploi des noirs dans les défrichements de la Sologne.

Le cultivateur qui, dans nos climats, se livre à la pratique des défrichements, doit d'abord retourner la lande et ne rien négliger dans les travaux physiques du sol, si nécessaires à la mise en culture du terrain défriché. La nature de la lande, pauvre ou riche en matières organiques, lui indique à quel type de noirs il doit s'adresser de préférence. En général ce sont les noirs riches en phosphate qui conviennent le mieux aux défrichements de la Sologne. Il y a donc intérêt pour le défricheur de ces localités à se renseigner d'abord sur la valeur des noirs qu'il emploiera. Il est important aussi que ces noirs soient bien pulvérisés, parce qu'alors la dissolution du phosphate devient plus facile et l'action des noirs plus sûre. La dose habituelle à laquelle on les emploiera, est de 4 ou 5 hectolitres par hectare de landes défrichées. L'épandage peut se faire en même temps que les semailles, mais il serait plus convenable de les répandre quelque temps auparavant. L'expérience a appris que l'on peut continuer ainsi pendant 4 ou 5 ans sur ces landes défrichées l'emploi annuel des noirs; mais au bout de ce temps la terre est alors généralement épuisée de ses principes organiques et il faut avoir recours à l'ancienne culture, c'est-à-dire au marnage, que l'on fait suivre d'abondantes fumures. Toutefois, puisque chaque récolte obtenue dépouille le sol de ses principes organiques, nécessaire à la dissolution du phosphate, le raisonnement indique qu'il y aurait certainement avantage pour le praticien, dans les troisième et quatrième années du défrichement, à recourir à l'emploi des noirs riches en azote et par cela même moins riches en phosphate.

Les cultures qui prospèrent le mieux sur défrichements faits par l'emploi des noirs, sont le seigle, le sarrazin et l'avoine. L'action du noir se fait aussi sentir sur les choux, navets, rutabagas, ray-grass, moutarde, mais le froment et les plantes fourragères, telles que luzerne, trèfle, sainfoin, réclamant avant tout la présence du calcaire dans le sol, et les noirs n'en apportant que des quantités à peu près nulles, ces récoltes ne sauraient s'y développer de manière à offrir aux cultivateurs des résultats avantageux.

Mode d'action des noirs sur les défrichements de la Sologne.

Pour faire comprendre au cultivateur l'action heureuse qu'exerce l'usage des noirs sur les défrichements de la Sologne, il faut nous rappeler d'abord que, pour qu'un sol soit propre au développement de récoltes utiles à l'homme, il doit avant tout contenir comme principe fertilisant une certaine quantité de phosphate. Mais les terres, qui forment jourd'hui la partie superficielle du sol propre à être cultivée, ne contiennent pas toutes cet élément précieux, et c'est dans ce cas, que se trouvent les terres de bruyères de la Sologne. Elles sont en effet formées par un terrain de transport, formé d'argile, de sable et de cailloux roulés, exempts de calcaire et de phosphate. C'est donc sur ces pauvres terres que se sont développées avec le temps une quantité considérable de bruyères qui, en se décomposant, ont fini par recouvrir la surface du sol d'une couche d'humus acide, plus ou moins épaisse, mais sur lesquelles cependant 5 hectolitres de noirs suffisent pour produire une récolte, en y apportant une certaine quantité de phosphate de chaux, dont ces sols manquent complètement. Pour justifier aux yeux du praticien que c'est bien au phosphate de chaux, que contiennent ces noirs, qu'il doit rapporter le bénéfice de sa récolte, il nous suffira de mettre sous ses yeux l'analyse suivante, représentant la composition moyenne des noirs employés, dans l'agriculture des défrichements de la Sologne; ils contiennent sur 100 les chiffres suivants :

Humidité	25	»
Matières organiques	11	25
Phosphate de chaux	44	50
Résidu siliceux	7	50
Carbonate de chaux et sels	11	75
	100	00

Telle est la composition sur 100 kilos, mais les quantités que l'on emploie sont calculées à la mesure et non au poids, et supposons que l'on emploie 5 hectolitres, comme l'hectolitre pèse en moyenne 88 kilos, un hectare de défrichement reçoit donc par 5 hectolitres de noirs 440 kilos de matières dont les éléments se répartissent ainsi :

Humidité	110 k.	»
Matières organiques	49	500
Phosphate	195	800
Résidu siliceux	33	»
Carbonate de chaux et sels	51	700
	440	000

Or, il n'est pas possible d'admettre que les bons effets des noirs soient dus à l'humidité et aux matières organiques, le sol des bruyères de la Sologne n'en manque pas. Il en est de même du résidu siliceux et des sels, qui ne manquent pas non plus, reste donc le carbonate de chaux et le phosphate de chaux. Mais bien que le carbonate de chaux soit nécessaire aux sols qui n'en contiennent pas, la quantité de 51,700 qu'apportent nos 5 hectolitres de noir sur un hectare, ne nous permet guère d'expliquer les bons résultats obtenus par leur emploi, et le cultivateur acquerra bientôt la conviction que c'est bien aux 195,800 de phosphate de chaux contenu dans ces noirs, que nous devons attribuer ces heureux effets. Renseignés sur ce point, essayons de faire comprendre au cultivateur le rôle du phosphate de chaux. La première condition du développement d'une récolte, c'est que les matières organiques que renferme le sol puissent se décomposer lentement, revêtir des formes particulières, qui les amèneront à un état de solubilité dans lequel elles pourront servir à former des récoltes. C'est ainsi que le fumier et les engrais arrivent à nourrir nos récoltes. Mais toutes ces matières, en se décomposant, donnent naissance à des acides qui se détruisent facilement par la présence du calcaire, lorsque le sol est calcaire. Or nous l'avons vu, le sol des bruyères de la Sologne est exempt du calcaire et alors le terreau produit par la décomposition des bruyères est acide et par cela même improductif Nous pouvons donc avec vérité établir que la stérilité des bruyères de la Sologne tient aux deux causes suivantes :

Acidité du sol.
Absence de phosphates.

Mais nos 5 hectolitres de noirs, par les 195 kilos de phosphates qu'ils apportent au sol, ont un double avantage.

Le premier est de détruire l'acidité de l'humus des bruyères, et alors cet humus se décomposant librement pourra revêtir les formes nécessaires pour satisfaire aux besoins d'une récolte. En deuxième lieu ces noirs fourniront au sol le phosphate indispensable à la formation des graines de cette récolte.

Ceci suffit pour expliquer au cultivateur l'action des noirs dans les défrichements de la Sologne, et pour lui faire comprendre que, puisque la majeure partie des récoltes qu'il obtient sont des plantes épuisantes, qui doivent en grande partie leur développement à l'humus du sol, l'emploi des noirs épuise le sol d'un élément précieux de fertilité qui en fait aujourd'hui toute la fécondité. L'usage des noirs, tel qu'il est pratiqué aujourd'hui en Sologne, a donc pour résultat définitif l'appauvrissement du sol. Cette question est des plus graves pour le praticien, et pour parer aux inconvénients d'un épuisement aussi rapide, M. Moll, qui s'est occupé de cette question, conseille aux cultivateurs d'établir, vers la deuxième ou troisième année du défrichement, des récoltes des plantes peu épuisantes qui pourront servir de nourriture aux animaux, et produire d'abondant fumiers, tels que les choux, navets, rutabagas, vesces, féveroles de printemps, moutarde blanche, ray-grass commun, ray-grass d'Italie, toutes cultures dont le noir favorise le développement et qui, empruntant plus à l'atmosphère qu'au sol, tendent à ne pas l'épuiser aussi rapidement. On pourrait encore, pour prolonger l'efficacité des noirs sur les terres défrichées, s'aider de fumures vertes, de sarrasin et de moutarde, qui à cause de la rapidité de leur croissance, pourraient être placées entre deux récoltes de céréales. Les défricheurs devront prendre en considération ce que nous leur indiquons ici. Il y a là, pensons-nous, un moyen de faire atteindre au noir un but sérieux, celui de fertiliser pour longtemps et d'éviter l'appauvrissement prématuré des terres de défrichement de la Sologne.

Falsifications des noirs.

De tous les engrais commerciaux, il n'en est pas qui aient subi autant de falsifications que les noirs. Leur emploi devenu général et indispensable pour les défrichements, leur état pulvérulent, leur couleur noirâtre, tout se prête à des mélanges faciles. Aussi on y a tour-à-tour mêlé de la tourbe, du poussier de charbon, des schistes noirs, des terres noires, du carbonate de chaux noirci et des matières spongieuses, pour en augmenter le volume. Les moyens que peut employer le praticien pour se mettre en garde contre de pareilles fraudes, sont les suivants. Le noir se vendant à l'hectolitre, on doit d'abord se préoccuper du poids de l'hectolitre, qui s'élève généralement en raison du phosphate qu'il contient, et qui doit être en moyenne de 85 à 90 kilos. On doit aussi se renseigner sur la quantité d'eau que contient le noir ; car il n'est pas rare de rencontrer des noirs qui contiennent jusqu'à 40 0/0 de leur poids d'eau. Enfin nous venons de voir que l'action des noirs dans les défrichements, étant en raison directe de la quantité de phosphate de chaux qu'ils contiennent, le cultivateur doit donc se préoccuper vivement de leur dosage en phosphate. L'analyse seule peut le renseigner sur ce point. Mais il ne faut point oublier que l'analyse ne porte que sur des poids et non sur des volumes, et qu'en assignant à un noir un dosage de 60 °/° de phosphate, elle indique seulement que le noir desséché contient, sur 100 kilos, 60 kilos de phosphate et non 60 kilos par hectolitre. Enfin le cultivateur devra encore se préoccuper de l'état de finesse des noirs qu'il voudra employer ; car plus ils seront en poussière fine, plus le phosphate de chaux qu'ils contiennent offrira de chances de solubilité, et alors plus son action sera prompte et immédiate.

Tels sont les moyens que devra employer le praticien pour se soustraire à la cupidité commerciale et se procurer ainsi des noirs qui pourront lui assurer de bonnes récoltes, sur les défrichements des landes des localités qui nous avoisinent.

CHAPITRE IX.

Marcs de colle, pain de creton, laines, cornes, plumes et poils, etc.

L'étude que nous venons de faire convaincra sans aucun doute le cultivateur des avantages qu'il peut retirer de l'emploi des résidus industriels. Si la valeur de tous ces résidus ne saurait se comparer à celle des noirs qui ont une utilité spéciale, tous possèdent au moins des propriétés fertilisantes relatives. En voyant le cultivateur de nos campagnes faire tous ses efforts pour récolter annuellement ce qui peut maintenir son bétail dans le meilleur état possible, nous en concluons qu'il a parfaitement compris que tant vaut la nourriture, tant vaudront les produits. Mais en présence du besoin général des engrais pour l'agriculture et du peu d'efforts qu'elle fait pour utiliser tous les produits qui peuvent en fournir, on serait porté à croire que le cultivateur n'est pas encore bien convaincu que meilleures sont les fumures, meilleures sont les récoltes. Toutefois nous sommes persuadé qu'aucun praticien n'ignore cette grande vérité et que s'il n'emploie pas plus souvent les ressources que les déchets de l'industrie lui offrent, c'est qu'il n'en connaît bien ni la valeur ni le mode d'emploi. Nous examinerons donc ici, au fur et à mesure qu'elles rentreront dans le cadre que nous nous sommes tracé, toutes les ressources que peuvent offrir à l'agriculture les résidus industriels, en indiquant leur origine et leur valeur comparée, à celle du fumier. Le cultivateur pourra alors les utiliser avec connaissance de cause et combler ainsi le déficit de son fumier.

Marcs de Colle.

Parmi les résidus industriels provenant des animaux et qui peuvent être utilisés par l'agriculture, se trouvent d'abord les marcs de colle, qui nous sont fournis par les fabricants de gélatine ou de colle-forte. Pour faire comprendre de suite que ces résidus ont une valeur fertilisante, il suffira de savoir que la colle-forte est fabriquée avec des rognures de peaux, des tendons d'animaux et des déchets de mégisserie.

Toutes ces matières animales, traitées convenablement pour obtenir la colle qu'elles peuvent contenir, laissent au fond des chaudières un résidu qui, pressé et séché, fournit un engrais très-recherché des cultivateurs qui avoisinent les villes où se fabrique ce produit. Ces marcs de colle se présentent sous la forme de briques, du poids de 12 à 25 kilos. L'analyse constate qu'ils contiennent sur 100 kilos 3 kilos 734 gr. azote. Si nous comparons la valeur en azote de cet engrais avec le fumier, nous trouvons que 108 kilos de marcs de colle équivalent à 1,000 kilos, de fumier, de sorte que, pour remplacer 10,000 kilos de fumier, il faudrait en employer 1,080 kilos. Cependant, dans les localités où l'on se sert de cet engrais, on n'en répand que 500 à 700 kilos. Si à cette dose il produit de bons résultats, il faut admettre que cela tient à sa rapide décomposition ; aussi a-t-on remarqué que son effet ne durait qu'une année. Cet engrais se livre à l'agriculture à raison de 30 francs le mètre cube pesant 800 kilos : or s'il est vrai que 700 kilos d'un pareil engrais sont suffisants pour fertiliser un hectare de terre pendant un an, le cultivateur, par son emploi, obtient une fumure à très-bon marché, mais il ne devra pas oublier que c'est un engrais incomplet.

Le praticien devra ne pas confondre ces marcs de colle avec ceux que l'on obtient en traitant les os et les déchets de tabletteries dans des chaudières autoclaves, pour en obtenir une colle-forte de basse qualité. Les marcs que l'on obtient dans ce cas sont riches en phosphate de chaux, carbonate de chaux, mais très-pauvres en azote, c'est ce que prouve l'analyse suivante sur 100 kilos :

Marcs de colle..... — 3 k. 734 azote.
Marcs de colle des os. — 0 k. 528.

Ces derniers dont on extrait les os pour fabriquer du noir ne peuvent guère servir que pour arroser des composts. Car évidemment en retirant les os, on les prive de la majeure partie de leur valeur, puisqu'on enlève leur phosphate de chaux.

Creton ou pain de Creton.

On désigne sous le nom de creton le résidu qui reste au fond des chaudières des industriels, qui extraient les corps gras du bœuf, du veau et du mouton. Ces résidus, soumis à la presse pour en retirer le plus de corps gras possibles, acquièrent une forme particulière, qui les a fait désigner sous le nom de *pain de creton*. Ils sont en grande partie formés des membranes du tissu graisseux des animaux ; ils contiennent en outre des débris de muscles, de petits os et des traces de sang. Cet engrais offre donc une certaine analogie avec les marcs de colle ; mais il est beaucoup plus riche en azote. L'analyse constate en effet que 100 kilos de cretons contiennent 11 kilos d'azote 880. En comparant la valeur en azote de cet engrais au fumier, nous trouvons que 34 kilos de cretons équivalent à 1,000 kil. de fumier, ou que, pour remplacer au point de vue de l'azote 10,000 kilos de fumier, il faudra 340 kilos environ de cet engrais.

Le praticien qui voudrait utiliser ce produit devra d'abord le diviser avec soin avec une hache, afin d'en rendre l'épandage plus facile, ou ce qui serait mieux encore, le laisser tremper dans l'eau chaude qui en facilitera la désagrégation. Le commerce livre cet engrais à raison de 16 francs les 100 kilos, et la quantité à répandre étant entre 340 et 400 kil., nous voyons que par l'emploi des cretons, on obtient encore une fumure à des conditions assez avantageuses. Mais cet engrais étant aussi d'une décomposition rapide, son action ne saurait guère se prolonger au-delà d'une année.

Chiffons de laine, déchets de laine, tontisses de drap.

Les chiffons de laine et les différents déchets de cette matière que peuvent fournir les couvertuiers ou les fabricants de draps, offrent à l'agriculture un engrais puissant. L'analyse nous indique que la laine pure contient 16 à 18 % d'azote ; il devient facile de comprendre que les chiffons de laine et tous les déchets que fournissent les fabriques, où on la travaille, puissent être utiles à l'agriculture.

Du reste les bons résultats pratiques sont là pour en attester la haute valeur agricole.

11.

Chiffons de laine.

De tous les débris de la laine, ce sont surtout les chiffons qui offrent le plus de ressources, parce que le cultivateur peut s'en procurer facilement et en abondance. Aussi voyons-nous les Anglais en emporter des quantités considérables, spécialement pour la culture du houblon. Dans le midi de la France, en Provence, on s'en sert pour toutes espèces de cultures, particulièrement pour la vigne et l'olivier. Dans nos climats, nous voyons aussi les vignerons les employer avec succès pour la culture de la vigne. L'action avantageuse qu'exerce l'emploi des chiffons de laine pour la culture des végétaux qui vivent quelques années dans le sol, ne doit pas nous surprendre : d'une décomposition lente, ces chiffons ont une action en quelque sorte régulière et de longue durée, aussi voyons-nous leur effet se faire sentir durant 5 et même 6 ans. Mathieu de Dombasle les utilisait d'abord pour la culture du houblon, mais s'en servait aussi avec avantage pour fumer les céréales, il avait alors soin de les mêler au fumier. Suivant cet agronome distingué, 12 à 1,500 kilos de chiffons de laine mêlés avec 4 ou 5 voitures de fumier, suffisent pour fumer convenablement un hectare de terrain. En analysant la valeur d'une pareille fumure, nous ne verrons là rien qui doive surprendre, car la laine pure, avons-nous dit, contient sur 100 kilos 16 à 18 kilos d'azote ; mais en admettant que les chiffons de laine qui sont imprégnés de teinture, de poussière et de corps gras ne contiennent que 12 kilos d'azote pour 100 kilos, nous voyons que la fumure de Mathieu de Dombasle était, par l'emploi de 1,200 kilos de chiffons, de 144 kilos d'azote, représentant, au point de vue de ce principe fertilisant, 36,000 kilos de fumier. M. de Gasparin cite comme exemple de l'emploi intelligent des chiffons de laine, l'économie que réalisait un habile cultivateur des environs de Paris, M. de Longchamp, qui fumait ses terres de la manière suivante. Il portait d'abord sur un hectare de terre 3,000 kilos chiffons de laine qui lui coûtaient 180 francs.

Au bout de trois ans il fumait son hectare de terre avec 45,000 kilos de fumier, qu'il estimait 315 francs. Il alternait ainsi tous les trois ans avec de la laine et du fumier. A l'aide de pareilles fumures il obtenait d'excellentes récoltes et économisait considérablement de frais de transport. Aujourd'hui l'économie ne serait plus la même, car les chiffons de laine, qui se payaient jadis 6 francs les 100 kilos, valent 10 à 12 francs.

Les chiffons de laine conviennent à toutes les terres ; seulement le praticien ne devra pas oublier qu'ils réussiront surtout sur les sols légers des contrées brumeuses ou humides, tandis que dans les climats doux et secs ils conviennent bien mieux aux terres argileuses. Ceci s'explique parfaitement par le besoin d'humidité nécessaire à leur décomposition. Les plantes auxquelles ils conviennent le mieux sont les houblons, les pommes-de-terre, les colzas et les navettes. Les arboriculteurs les emploient avec succès pour les plantations; mais pour obtenir dans leur emploi de bons résultats sur le blé, il y aura toujours avantage à les mêler au fumier. Pour servir utilement, les chiffons de laine doivent avant leur emploi être bien divisés pour que la répartition dans le sol en soit plus uniforme. Mais cette opération n'est pas facile; en Angleterre on se sert, pour diviser les chiffons de laine, de la machine à couper les turneps; ailleurs on emploie une lame de faux que l'on fait jouer sur un billot. Dans d'autres endroits, pour arriver au même résultat, on répand les chiffons sur les champs longtemps avant de les enterrer; puis quelque temps après on fait passer sur ces champs des ouvriers qui déchirent avec la main les plus grosses loques, et cela avec facilité parce qu'elles commencent à se décomposer. On peut encore les jeter dans un trou, les disposer lit par lit, en saupoudrant chaque lit d'un peu de cendres ou de charrées, puis on arrose le tout avec de l'eau chaude.

Au bout de cinq ou six semaines l'engrais sera bon à employer et agira de suite. Enfin, un emploi judicieux des chiffons serait d'en ajouter seulement 100 kilos à la quantité de fumier qui doit servir à la fumure d'un hectare. En admettant que les chiffons de laine ne coûtent que 10 francs et qu'ils ne dosent que 12 °/₀ azote, on enrichirait à bon marché la fumure de son hectare de terre de 12 kilos azote.

Déchets de la laine.

Outre les chiffons, les différents débris de cette matière que peuvent nous fournir les industries qui travaillent la laine, sont encore pour l'agriculture des auxiliaires puissants.

Chaptal, dans sa *Chimie agricole,* s'exprime ainsi à ce sujet :

« Un des phénomènes qui m'ont le plus surpris « dans ma vie, c'est la fertilité d'un champ des en- « virons de Montpellier, appartenant à un fabri- « cant de couvertures. Le propriétaire y faisait « apporter chaque année les balayures de ses ate- « liers, et les récoltes en blé et en fourrages que « produisait ce champ étaient prodigieuses. »

L'emploi des balayures des fabriques de tissus de laine ont aussi coopéré, de la manière la plus avantageuse, à régénérer les mauvais sols d'une partie de la Champagne pouilleuse, grâce à l'intelligence et aux soins du paysan Champenois à ramasser ces balayures et à les mêler à ses fumiers, dont ils augmentaient ainsi la richesse en azote.

De pareils résultats obtenus, même avec les

débris de la laine, méritent bien que nous indiquions au cultivateur quels sont ces débris et où il pourra se les procurer. Les fabriques de couvertures peuvent livrer à l'agriculture :

1° Le suint ;

2° Le poussier des batteries;

3° Les nettoyages de cardes et les débris divers, provenant des balayures de magasins.

Avant de soumettre la laine à leur fabrication, les couverturiers la lavent et pour cela ils la mettent tremper dans de l'eau chaude, à laquelle ils ajoutent des cristaux de soude. Les cristaux de soude, en contact avec les matières grasses de la laine, forment un savon qui en facilite le lavage. En la lavant ensuite dans l'eau, il s'en échappe des matières terreuses qui entraînent beaucoup de fils de laine très-fins et très-divisés. Le lavage effectué, on trouve au fond des appareils où s'opère le lavage une bouillie terreuse, présentant des fils de laine très-divisés et qui donne un engrais azoté, à bon marché, puisque jusqu'à ce jour les fabricants le jettent à la rue.

Ce qu'on désigne sous le nom de *Poussier des batteries*, est une matière terreuse mélangée aussi de fils de laine très-divisés et qui présente encore une certaine valeur agricole.

L'analyse constate qu'il contient plus de 4 % d'azote.

Mais les nettoyages de cardes, les balayures des ateliers, formés par cela même d'un mélange de matières terreuses et de débris de laines en proportion variable, fournissent aussi un bon engrais.

Enfin, dans les villes où la laine sert à la fabrication du drap, telles qu'Elbeuf, Sedan, Louviers, outre le suint, les poussiers de batteries et les nettoyages de cardes, on peut trouver encore les tontisses de drap. Ces débris de fabrication contiennent autant d'azote que la laine ; ils se présentent dans un état de division facile à utiliser, et malgré leur prix élevé de 20 francs les 100 kilos, prix qui tend à s'élever encore parce que ces débris ont d'autres débouchés, ils offrent encore l'azote à un assez bon marché.

En résumé, les chiffons, tous les déchets de fabrique où l'on travaille la laine, quoique de valeurs différentes et variables, n'en sont pas moins une ressource que les praticiens ne doivent pas dédaigner. Nous ne saurions trop engager les cultivateurs à utiliser tout ces produits, soit pour fumer, soit pour fabriquer des composts, soit pour enrichir d'azote les fumiers. Car malgré les bons résultats obtenus par leur emploi dans la Champagne, nous ne voyons guère dans nos climats utiliser ces résidus que par la petite culture, ou bien par les marchands d'engrais.

Cornes et Ergots.

Les cornes des animaux, les sabots du cheval, les ergots du mouton, offrent aussi une valeur fertilisante importante, au point de vue de l'azote que ces matières contiennent. L'analyse constate, en effet, que 100 kilos de cornes contiennent 16 kilos azote.

Si l'analyse ne suffit pas au praticien pour le convaincre de leur action fertilisante, les bons résultats pratiques que la petite culture retire, dans nos localités, de l'emploi des rognures de cornes, sont autant de faits qui justifient leur valeur.

Les cornes sont, comme les laines, des engrais qui se décomposent lentement et dont par cela même l'action est lente, mais aussi de longue durée. Le commerce peut fournir à l'agriculture la corne sous deux états différents :

1° A l'état de rognures;

2° A l'état de râpures et de poussières.

Sous forme de rognures les cornes sont fournies par les maréchaux-ferrants. Dans cet état, elles sont surtout employées par la petite culture, et lui sont livrées au prix de 14 francs le poinçon pesant 75 kilos. Nous venons de voir que les cornes dosent 16 kilos 800 azote par 100 kilos. Mais comme les rognures de cornes, telles que les maréchaux-ferrants les livrent sont imprégnées de matières terreuses, il faut supposer que dans cet état elles ne contiennent guère que 14 à 15 $_0/^0$ d'azote. Or comme le poinçon ne contient que 75 kilos de rognures, on a donc pour 14 francs avec un pareil engrais 11 kilos 250 azote. Ce prix établit l'azote à un prix inférieur à celui auquel cette matière fertilisante est livrée dans les engrais commerciaux. Aussi à cause de leur prix peu élevé et des bons effets que la petite culture retire de leur emploi, ceux qui fournissent ces rognures disent qu'ils ne peuvent satisfaire aux demandes de la petite culture.

La seconde forme, sous laquelle le commerce fournit les cornes à l'agriculture, contient les râpures et les poussières que l'on trouve chez les industriels qui travaillent la corne. Ces rapures et poussières telles qu'on les ramasse, si on ne les mélange pas de matières terreuses, contiennent, sur 100 kilos, 14 kilos 360 azote. Elle sont, dans cet état, de puissants engrais ; elles conviennent à tous les sols; leur état de division en permet facilement l'emploi et leur action se fait encore sentir pendant assez longtemps. Les cultivateurs anglais les emploient à la dose de 36 hectolitres à l'hectare. Au lieu de les employer comme fumure directe, le praticien pourrait encore les utiliser à la fabrication de composts dont ils viendraient augmenter la richesse en azote.

Les ergots du mouton, qui ne sont autres que de la corne, sont encore un bon engrais; ils contiennent autant d'azote que les cornes et le commerce les livre au prix de 10 francs les 100 kilos. Ils sont restés presque sans emploi, jusque dans ces derniers temps, parce que la mécanique ne possédait aucun moyen facile de les diviser. Mais M. Leroux, de Nantes, vient de résoudre ce problème important. En soumettant les cornes à la torréfaction, il les rend très-faciles à pulvériser.

Cette heureuse idée est une bonne fortune pour notre agriculture, car les nouvelles applications du caoutchouc tendent à remplacer la corne pour un très-grand nombre d'objets qu'on fabrique avec cette matière. Les cornes reviendront à l'agriculture, faciles à employer, et d'un dosage considérable en azote (18 °/°.) Les cornes désagrégées de M. Leroux, si elles ne sont pas utilisées directement par les praticiens, fourniront aux marchands d'engrais un bon moyen d'azoter leurs guanos artificiels.

Poils et cheveux.

Les poils des animaux désignés sous le nom de bourres et qui peuvent être fournis par les tanneurs, présentent encore à l'agriculture des avantages réels. Les bourres contiennent en effet sur 100 kil. 13 kilos 780 azote. Si elles ne peuvent être facilement employées comme fumure directe, elles ont au moins l'immense avantage d'être très-absorbantes, ce qui les rend très-propres à être utilisées par les cultivateurs pour la fabrication des composts. Les cheveux, dont la valeur fertilisante est encore plus considérable, pourraient encore servir aux mêmes résultats, si on arrivait à s'en procurer à bon compte de grandes quantités.

Plumes.

Les plumes ont aussi le même dosage en azote que les cheveux ; mais leur épandage en lignes avec la semence rend leur emploi plus facile. Aussi voyons-nous les cultivateurs alsaciens, qui, comme nous le savons, utilisent si bien les engrais, employer toutes les plumes qui sont rejetées de la literie à la dose de 35 à 40 hectolitres par hectare de terre ensemencé en froment. Dans la Romagne on les paie 60 francs les 100 kilos pour la culture du chanvre.

Avant d'en finir avec tous ces engrais très-riches en azote, n'oublions pas d'avertir le cultivateur qu'ils sont d'une décomposition lente qui en fait l'action plus durable. Ceci les rend très-propres à être employés pour les cultures qui restent longtemps dans le sol. L'expérience ayant appris à la pratique que les engrais azotés favorisent plutôt le développement des pailles que des graines, cela spécifie en quelque sorte leur emploi sur les cultures herbagères. Répandus sur ces récoltes au printemps et en couvertures, ils subissent une décomposition lente qui les transforme en principes assimilables et utiles au développement de ces récoltes.

Débris des poissons, poissons pourris.

Les poissons et leurs débris ne se trouvent pas en abondance dans nos localités et ne peuvent guère offrir à notre agriculture des avantages sérieux ; mais il n'en est pas ainsi dans les localités qui bordent les côtes maritimes. Les différentes parties du poisson, cela ne surprendra personne, ont des valeurs fertilisantes importantes ; ainsi la chair des poissons, comme la chair des animaux, contient à l'état sec 10 à 12 °/° azote, les os du poisson comme les os des animaux renferment de 50 à 60 °/° de phosphate de chaux et 4 °/° d'azote. Nous voyons donc facilement que les poissons gâtés, les débris de sardines et autres salaisons, le *tangrum* ou marc, qui reste au fond des chaudières quand on extrait l'huile du hareng, offrent de véritables ressources pour les contrées ou se trouvent ces matières. Aussi voit-on les fermiers de ces localités employer tous ces débris à la dose de 60 à 80 hectolitres à l'hectare. Pour les utiliser, ils les conduisent sur les champs, ils ouvrent de distance en distance des tranchées assez profondes, puis ils y mettent ces engrais pour les faire pourrir. Dans cet état, ils les mêlent à la terre de la tranchée, puis ils les répandent sur le sol. Il y a quelques années le commerce livrait à l'agriculture, sous le nom de guano-poisson, un guano artificiel préparé avec les débris de nombreux poissons et des morues pêchées à Terre-Neuve; cet engrais qui présentait une valeur fertilisante sur 100 kilos de 12 kilos azote et 14 de phosphate, se vendait 24 francs les 100 kilos. A ce prix il était avantageux à l'agriculture. En résumé, nous voyons que l'agriculture peut obtenir de bons résultats des déchets de poissons, mais que leur usage est presque spécial aux terrains de nos côtes. Si cependant quelques cultivateurs de nos localités étaient à même de se procurer en quantité des poissons gâtés, ils devraient employer les moyens suivants pour les utiliser :

Les hacher par petits morceaux, les répandre sur le sol et les faire enterrer. Les faire sécher, les pulvériser et les répandre comme les engrais pulvérulents, ou plus simplement encore les disséminer dans les fumiers pour en augmenter la masse et la valeur fertilisante.

CHAPITRE X.

Nous arrivons aujourd'hui à l'examen d'un engrais qui mérite une attention toute particulière, aussi le recommandons-nous instamment aux agriculteurs ; il s'agit des Guanos.

Guanos.

Sous le nom de Huano ou Guano, on désigna tout d'abord les dépôts qui recouvrent la surface d'un très-grand nombre de petits îlots situés au Pérou, dans la mer du Sud. Inconnus pendant longtemps en Europe, ces précieux dépôts étaient néanmoins utilisés depuis le XIIIe siècle, soit au Pérou, soit au Chili ou dans la Bolivie, pour fertiliser les côtes arides de ces localités. Au commencement de notre siècle, Alexandre de Humboldt rapporta en France le premier échantillon de Guano et signala à l'attention des savants les avantages que retiraient du Guano les Indiens qui s'en servaient pour fertiliser le sol. Les deux savants, Fourcroy et Vauquelin, qui en firent l'analyse, constatèrent que l'échantillon de Guano qui leur avait été remis contenait une quantité notable de phosphate de chaux et de sels ammoniacaux, c'est-à-dire des sels renfermant *de l'azote*. L'on comprendra facilement aujourd'hui que cette analyse seule aurait dû suffire à notre agriculture pour lui en commander l'usage. Mais il n'en fut pas ainsi, et ce n'est guère qu'en 1840 qu'on commença à employer le Guano du Pérou. Les bons résultats obtenus en Angleterre ne tardèrent point à éveiller l'attention des agriculteurs et à établir la valeur agricole de cet engrais. Aussi voyons-nous depuis cette époque l'agriculture européenne en consommer annuellement des quantités considérables, et pour nous en faire une idée, il suffira de dire qu'en 1856, il en a été expédié du Pérou soixante-dix-sept navires.

Mais indépendamment du Guano des îlots du Pérou, on a découvert, dans ces dernières années, de semblables dépôts dans bien d'autres localités, en Afrique, sur les côtes du Labrador et de la Patagonie, etc. Tous ces dépôts, importés aujourd'hui en France, par le commerce, nous semblent avoir la même origine que ceux du Pérou.

Aussi on les désigne sous le nom générique de Guanos. Nous verrons tout-à-l'heure que, bien qu'on assigne à tous ces Guanos une origine identique, ils sont loin d'avoir tous la même composition et la même valeur que celui du Pérou.

Voyons maintenant quelle est l'origine du Guano. Quoique généralement le cultivateur se préoccupe peu de savoir d'où vient l'engrais qu'il emploie, il n'est pas sans intérêt d'indiquer à ceux qui, jusqu'à ce jour, n'ont point encore osé tenter l'usage du Guano, quelle est la nature des matières qui ont servi à le former. Cela pourra leur inspirer une certaine confiance et nous permettra de faire comprendre pourquoi les divers Guanos que peut nous livrer aujourd'hui le commerce sont si différents de composition et par cela même de valeur. Ce sera aussi indiquer en même temps au cultivateur les précautions qu'il devra prendre lorsqu'il aura l'intention de les appliquer à ses cultures.

On admet généralement que les Guanos doivent leur origine à l'altération de la fiente de nombreux oiseaux de mer. Leur analogie de composition avec la colombine ou fiente des pigeons, les débris d'oiseaux qu'on y rencontre, tout fait supposer qu'il en est ainsi. Mais comme les couches de Guano qu'on trouve dans les îles du Pérou ont quelquefois jusqu'à 20 mètres d'épaisseur, et que, d'après les calculs de M. Francisco de Rivero, les îles Chinchas et autres qui sont au sud du Pérou, en comprenant ce qui a déjà été extrait jusque dans ces derniers temps, en contiendraient la somme considérable de 378 millions de quintaux métriques, nous sommes obligés d'admettre que leur existence est très-ancienne et que le nombre des oiseaux qui ont habité ces îles a été immense. Il l'est du reste encore de nos jours ; car les voyageurs de notre siècle, qui ont pu visiter ces parages, disent que les oiseaux de mer qui peuplent les îles les plus riches en Guano, sont si nombreux que souvent la lumière du jour en est obscurcie.

Il n'en faut pas davantage pour faire comprendre de suite aux praticiens qui connaissent tous les bons effets de la fiente des pigeons et des volailles, que le Guano, si telle est son origine, doit être un engrais puissant.

Les chiffres que nous avons donnés sont aussi très-rassurants pour notre agriculture ; car ils nous démontrent que les seuls dépôts du Pérou sont encore loin d'être épuisés.

Si maintenant nous venons à rechercher la valeur des Guanos que le commerce livre à l'agriculture, il nous sera facile de constater qu'au point de leur valeur agricole, ces engrais présentent des différences tellement grandes, qu'elles constituent pour le cultivateur qui veut les employer la nécessité de s'assurer, avant leur emploi, de leur composition.

Les chiffres suivants prouvent, en effet, la différence de la composition des Guanos.

	Azote °/o		Phosphate °/o.
Guano du Pérou........	14 k.	300	24 kil.
— d'Ichaboé........	6		30
— Patagonie........	2		44
— baie de Saldanha.	1	300	56

Ces analyses ont été faites sur des Guanos importés en Angleterre, et elles sont dues à M. Francis Wey, chimiste de la Société royale d'agriculture de Londres.

Voici, à l'appui de ces analyses, celles faites par M. Bobierre, sur des Guanos arrivés dans le port de Nantes, de 1852 à 1855.

	Azote °/o.		Phosphates.	
Guanos venant d'Ostende....	4 k.	500	12 k.	800
— de Patagonie........	1	500	31	500
— de provenances inconnues............	»	600	17	»
— du Pérou 1853......	16		24	»
— du Pérou 1855......	17	500	29	»

Ces analyses, qui présentent des chiffres si différents au point de vue des matières admises comme nécessaires au développement de nos récoltes, justifieront aux yeux du praticien la nécessité que nous indiquions tout-à-l'heure, de s'assurer, avant d'employer les Guanos, de leur composition.

Ajoutons qu'au premier abord, puisque nous admettons que les Guanos doivent leur origine à la fiente des oiseaux de mer, les cultivateurs auront bien de la peine à s'expliquer des différences de composition aussi tranchées. Quelques simples explications suffiront, sans doute, pour justifier cette diversité de composition.

Il peut d'abord se faire que la nourriture différente des oiseaux y soit pour quelque chose, car nous savons que tant vaut la nourriture, tant valent les déjections. Mais la principale cause tient évidemment aux conditions climatériques dans lesquelles se trouvent les différents dépôts de Guano. Là où le climat sera très-sec, le Guano conservera la majeure partie de ses principes azotés et ses sels ammoniacaux; il sera riche en azote et pauvre en phosphate. Là, au contraire, où nous avons des pluies fréquentes et abondantes qui lavent le Guano et lui enlèvent la majeure partie de ses sels ammoniacaux solubles, il sera pauvre en azote et riche en phosphate.

Ces premiers renseignements fournis à l'agriculture, nous allons jeter un coup d'œil sur les caractères des principaux Guanos qu'on rencontre dans le commerce.

Guano du Pérou (îles Chinchas).

Le cultivateur reconnaîtra ce Guano aux caractères suivants :

Il est d'une couleur jaune fauve, il possède une odeur putride ammoniacale ; il a une saveur salée et piquante et il contient en moyenne 14 à 15 % d'eau.

Si cette proportion augmente, sa couleur se fonce et se rapproche du bistre. Il est onctueux au toucher, en petits grains ou pelotonné en masses, au milieu desquelles se trouvent des stries blanchâtres. Si on le mêle avec de la chaux vive en poudre, il répand une odeur fortement ammoniacale. C'est un caractère simple, facile à reconnaître, et que le cultivateur pourra rechercher pour s'assurer si un Guano est riche en azote.

Comme il ne pleut presque jamais aux îles Chinchas, le Guano qui nous en vient, n'ayant point été lavé, a conservé tout son azote. Il contient en effet en moyenne de 14 à 16 °/₀ d'azote et de 20 à 24 de phosphate. Ce Guano est le meilleur et le plus estimé de notre agriculture. Les seuls inconvénients qu'on puisse lui reprocher, c'est d'être d'un prix élevé et de favoriser le développement de la paille au détriment du grain. Ceci n'a rien qui doive nous étonner, car nous savons que les engrais riches en azote ont tous cet inconvénient.

Guano du Chili.

Ce Guano se reconnaît à la présence de petits corps durs, de couleur jaunâtre, formés de sel marin aggloméré. Il contient plus d'eau que le Guano du Pérou (22 à 25 °/₀). On y trouve rarement plus de 10 °/₀ d'azote, mais on y a trouvé jusqu'à 48 °/₀ de phosphate. Cette différence de composition, comparée à celle du Guano du Pérou, nous indique de suite que le Guano du Chili a été lavé par les pluies.

En effet, au Chili, la saison des pluies dure cinq mois de l'année, sans compter les rosées qui y sont fréquentes. Mais nous pouvons aussi en tirer cette conséquence, qu'au fur et à mesure que l'azote diminuera dans un Guano, nous verrons la dose du phosphate augmenter. Les pluies, en effet, ne peuvent entraîner que les sels solubles qui renferment de l'azote et n'ont aucune action sur le phosphate, qui est insoluble dans l'eau.

Guano de Bolivie.

Ce Guano est encore moins azoté que celui du Chili ; l'analyse n'y constate que 3 à 5 % d'azote ; tandis que la richesse en phosphate, qui est ordinairement de 45 à 50, s'est élevée dans quelques échantillons jusqu'à 60 %.

Guano d'Afrique

Ce Guano, qui nous vient des îles Ichaboé et autres, est de couleur chocolat. Il n'est point exclusivement formé par la fiente des oiseaux. C'est un mélange de débris d'os de poissons, de coquilles, d'œufs, de plumes et de débris végétaux.

Un pareil mélange en rend la composition très-variable, aussi l'analyse y a-t-elle trouvé depuis 1 %, jusqu'à 10 % d'azote et jusqu'à 30 % de phosphate.

Guanos Baker et Jarvis.

Sous ces noms, on a introduit, seulement depuis quelques années dans le commerce des engrais, deux Guanos provenant des petites îles Baker et Jarvis. Ces deux Guanos sont très-remarquables, d'abord par leur aspect, ensuite par leur composition. Ils se présentent sous la forme d'une poudre brune, renfermant de petits débris végétaux très-fins et ne contiennent que très-peu d'humidité (de 4 à 6 %).

Leur composition se représente par les chiffres suivants :

GUANO BAKER.

Phosphate de chaux 88 %.

GUANO JARVIS.

Phosphate de chaux de 50 à 54 kilos %, dont presque la moitié est à l'état soluble ou à l'état de super-phosphate de chaux. Il contient en outre du sulfate de chaux ou plâtre.

Tous les deux contiennent en moyenne 1 à 2 % azote.

En comparant ces deux analyses, on est frappé de la différence de composition de ces deux Guanos qui, assez rapprochés l'un de l'autre, doivent avoir une origine commune et ont dû subir les mêmes changements.

Ainsi, tandis que le Guano Baker contient 88 °/₀ de phosphate de chaux, analogue à celui des os et par cela même insoluble dans l'eau, le Guano Jarvis, au contraire, contient une proportion moins considérable de phosphate de chaux, mais aussi une grande partie s'y trouve à l'état soluble dans l'eau, identique à celui qu'on obtient lorsqu'on traite les os ou le phosphate de chaux par l'acide sulfurique. On pourrait supposer, au premier abord, que le Guano Jarvis aurait été traité par l'acide sulfurique, mais il n'en est rien, et celui qu'on trouve dans le commerce est bien dans l'état où on le recueille dans les îles qui portent ce nom.

Jusqu'à ce jour, il ne nous a pas été possible d'expliquer la cause d'une pareille composition, qui donne au Guano Jarvis la propriété d'être utilisé avec avantage, lorsqu'on voudra fournir au sol des engrais contenant du phosphate soluble.

Quant au Guano Baker, il est le plus riche de tous les engrais phosphatés et devra fixer à ce titre l'attention des cultivateurs.

Nous venons de passer en revue les Guanos les plus connus, il en reste bien quelques autres et probablement on en découvrira encore de nouveaux. En recherchant l'origine et la composition de ces divers engrais, nous avons eu pour but de faire bien comprendre aux praticiens que, même en dehors des fraudes produites par la cupidité commerciale, leur composition est très-variable, que même l'indication de leur provenance ne suffit pas pour indiquer leur valeur fertilisante.

Emploi du Guano.

Avant d'employer le Guano, le cultivateur doit se rappeler que cet engrais, quoique fourni par le commerce, n'est point fabriqué par la main de l'homme, mais bien un fumier tout aussi naturel que celui des poulaillers et des colombiers, présentant en outre cet avantage d'avoir été amené par le temps et par les lois naturelles, à un état de division et de décomposition telles, que les substances fertilisantes qu'il contient sont dans les conditions les plus favorables au développement de nos récoltes. Ceci explique de suite son action énergique, mais peu durable.

Le Guano convient à toutes les terres, mais les bons effets qu'il peut produire dépendent du moment choisi pour le répandre. L'expérience a appris à la pratique que, s'il pleut dans les jours qui suivent son épandage, son action sera très-favorable ; mais si, au contraire, la terre reste sèche, si le sol est aride, son action est peu sensible.

Ceci n'a rien qui doive surprendre le praticien ;

l'action du Guano est en grande partie due aux sels solubles qu'il contient ; mais ces sels, pour se dissoudre, pour agir favorablement, ont besoin de rencontrer l'humidité nécessaire à leur dissolution. Ceci indique au praticien que lorsqu'il l'appliquera tardivement au printemps ou en été, sur des terres sèches et légères, il devra l'enterrer profondément pour qu'il rencontre dans le sol l'humidité nécessaire à la dissolution des sels qu'il contient, ou bien choisir un jour qui promet de la pluie.

Le Guano convient en général à toutes les cultures; mais il est surtout l'engrais par excellence des céréales et des prairies. On peut le répandre soit en même temps que la semence, soit en couverture au printemps. Pour les céréales d'automne, le cultivateur se trouvera bien de mettre la moitié de la fumure en même temps que la semence et de réserver l'autre moitié qu'il appliquera en couvertures au printemps. La dose à laquelle on l'emploie généralement est de 200 à 300 kilos pour un hectare de céréales ou de prairies, 400 et même 500 kilos pour un hectare de colza, de chanvre, de tabac ou de betteraves. Si nous voulions comparer la valeur en azote du Guano au fumier, nous trouverions qu'en admettant 10,000 kilos de fumier pour un hectare de terre, il nous faudrait 333 kilos d'un Guano contenant 14 kilos d'azote à l'état normal, soit 12 kilos à l'état sec.

La rapidité de la dissolution de cet engrais nous

permet d'expliquer facilement pourquoi, à la dose de 200 à 300 kilos, il produit d'aussi bons effets. Du reste, en élevant trop la dose de cet engrais pour les céréales, on s'expose à produire la verse de ses récoltes, parce que le Guano ne fournit pas la silice nécessaire pour donner à la paille la rigidité dont elle a besoin pour porter l'épi.

Le Guano se répand habituellement en le semant à la main sur le sol que l'on veut fumer. Avant d'en agir ainsi, il est très-convenable de le diviser d'abord, puis de le mélanger avec deux ou trois fois son poids de terre.

En Angleterre on se trouve très-bien de le mélanger avec un cinquième de son poids de poussier de charbon, qui a pour but d'empêcher la volatilisation des sels azotés que renferme cet engrais.

En France, pour arriver au même résultat, on s'est servi du plâtre, du sel marin ou du noir animal. L'action du noir animal est la même que celle du poussier de charbon ; mais il apporte en outre une certaine quantité de phosphate de chaux. Quant au plâtre et au sel marin, ils ont pour but de transformer en sels azotés fixes les sels azotés volatils du Guano.

Le praticien ne devra pas oublier que le Guano est un engrais incomplet, qui n'apporte au sol que du phosphate de chaux, de l'azote et pas d'humus.

Ces matières seules ne pouvant suffire pour le développement d'une récolte, les autres éléments, tels que l'humus, les sels de potasse sont empruntés au sol, et en répétant sur son champ des fumures avec le Guano, le cultivateur ne tarderait pas à l'épuiser des principes fertilisants que cet engrais ne saurait lui apporter. Les chiffres suivants feront mieux comprendre notre pensée.

10,000 kilogrammes de fumier apportent au sol 1,400 kilos d'humus et 40 kilos d'azote, tandis que les 333 kilos de Guano, qui nous servaient tout-à-l'heure d'exemple, fourniront bien au sol 40 kilos d'azote, comme les 10,000 kilos de fumier, mais ne sauraient apporter les 1,400 kilos d'humus.

Le cultivateur devra donc bien comprendre que, malgré les bons résultats que lui donne l'emploi du Guano, des fumures successives avec cet engrais ont pour résultat de l'appauvrir d'un des principes fertilisants les plus nécessaires. Il en est encore de même pour les sels de potasse, de chaux et la silice si nécessaire à la constitution des pailles des céréales, que ne saurait fournir le Guano en quantité suffisante, puisqu'il n'en contient pas.

Falsification des Guanos du Pérou.

La valeur fertilisante du Guano, le prix élevé auquel on le livre au cultivateur, ont dû nécessairement éveiller la cupidité des fraudeurs, qui n'ont point hésité à y introduire toute espèce de matières à bas prix pouvant facilement se mélanger avec cet engrais. Les fraudes les plus grossières consistent à mélanger avec le Guano des matières terreuses, de la sciure de bois, de la brique pilée; mais les fraudeurs intelligents y mêlent le plus ordinairement des Guanos de moindre valeur et le Guano Baker, dont le prix est moins élevé que celui du Pérou, a été souvent employé à ce sujet. Enfin, la fraude la plus ordinaire consiste à lui faire absorber une certaine quantité d'eau. Le Guano contient en moyenne 15 °/ₒ d'eau; mais il peut absorber facilement en plus 12 à 15 kilos d'eau sans subir de changements appréciables, si ce n'est l'augmentation du poids qui fait le bénéfice du fraudeur, qui livre ainsi à l'agriculture de l'eau au prix de 35 à 40 centimes le kilo.

Pour éviter toutes ces fraudes, le cultivateur ne do it acheter de Guano que sur une analyse garantie, qu'il lui sera toujours facile de faire contrôler s'il a quelques doutes sur l'honorabilité de son vendeur.

Colombine.

La colombine ou fiente des pigeons qu'on ramasse sur le sol des colombiers, a été considérée de tout temps, par les cultivateurs, comme énergique. C'est en effet, de tous les engrais de la ferme, celui qui se rapproche le plus du Guano. La colombine, telle qu'on la ramasse dans les colombiers, contient toujours des débris de plumes, des pailles, des graines et un peu de terre. Elle présente en moyenne la composition suivante sur 1,000 kilos.

Humidité.	9 6
Matières organiques. . .	59 6
Matières minérales. . . .	30 8
	100 0

Elle contient en outre, sur 100 kilos, 8 kilos 300 azote.

Bien qu'elle ne soit pas aussi riche en azote que le guano, sa composition nous indique qu'elle doit être un bon engrais. Les cultivateurs de nos contrées s'en servaient jadis très-bien, mais aujourd'hui cet engrais devient de plus en plus rare dans nos localités. Il n'en est pas de même dans le nord de la France, dans le Pas-de-Calais surtout, où existent encore bon nombre de colombiers. Dans ces pays, les cultivateurs achètent au prix de 100 francs la colombine produite annuellement par 6 ou 700 pigeons. La quantité de colombine que fournit un pareil nombre de pigeons est d'environ 1,200 kilos, et puisque 100 kilos contiennent 8 kilos 300 azote, les 1,200 kilos contiendront près de 100 kilos azote. On l'emploie dans le Nord, à la culture du lin et du tabac, à la dose de 1,000 à 2,000 kilos.

Schwerz dit qu'employé pour la culture des céréales sur les terres humides et argileuses, la colombine lui fournissait d'excellentes récoltes. Mélangé avec les cendres de houille, cet engrais donnait aussi les meilleurs résultats pour la culture du trèfle.

Poulaite ou fiente de poules.

La fiente des volailles, poulaite ou poulenée, qu'on ramasse sur le sol des poulaillers, forme aussi un engrais assez énergique, mais moins estimé que la colombine. On l'emploie de la même manière que la colombine et le guano. En général, dans une ferme, les poulaillers, quoique pouvant fournir un engrais, et d'une certaine valeur, ne sont pas soignés comme ils devraient l'être. Au lieu d'y laisser séjourner ces engrais toute une année et sans soin, le cultivateur trouverait avantage à les enlever tous les mois, à les mélanger avec des matières terreuses et les conserver ainsi jusqu'au jour de leur emploi. L'engrais ne s'altèrerait pas, conserverait toutes ses propriétés fertilisantes et son séjour dans les poulaillers n'engendrerait pas une foule d'insectes, qui tourmentent inutilement les volailles.

Le Guano, la colombine et la poulaite, délayées dans l'eau, exercent aussi une influence des plus avantageuses sur les cultures maraîchères. Aussi nous les voyons utilisés dans le midi de la France pour arroser ces cultures. Enfin, le cultivateur ne devra pas oublier que ces engrais, qui peuvent lui être si utiles, ne sont néanmoins que des engrais incomplets et qu'ils ne peuvent par cela même servir de fumure habituelle à ses terres.

CHAPITRE XI.

Engrais fournis par les végétaux.

Dans cette catégorie, nous plaçons naturellement toutes les matières fertilisantes qui nous sont fournies par les végétaux, soit que ces végétaux aient été employés en totalité, pour fertiliser le sol, comme cela a lieu par l'enfouissement des récoltes en vert, soit qu'on utilise seulement quelques-unes de leurs parties. Mais notre classification serait encore incomplète, si nous n'y faisions rentrer certains produits naturels des végétaux, tels que la tourbe; certains résidus provenant de l'économie industrielle ou domestique, tels que les tourteaux de graines des plantes oléagineuses, la suie et les cendres des végétaux. Nous aurons donc à examiner successivement l'utilité que pourra retirer le cultivateur de l'emploi comme engrais des matières suivantes :

Enfouissement des récoltes en vert ;
Enfouissement des prairies ;
Marcs de raisin ;
Marcs de pommes-de-terre ;
Marcs de pommes à cidre ;
Marcs de houblon ;
Touraillons de l'orge germée ;
Pulpes de betteraves ;
Tourteaux des graines oléagineuses ;
Tannée ou résidus d'écorces de chêne ;
Sciure de bois ;
Tourbes ;
Cendres de bois, charrées ;
Cendres de plantes marines, de tourbe ;
Suie ;
Goemon, feuilles et parties herbacées des végétaux ;
Engrais Jauffret.

En jetant un coup d'œil sur cette liste, le cultivateur de nos campagnes aura peut-être de la peine à comprendre au premier abord que toutes ces matières puissent être utilisées comme engrais.

Pour quelques-unes d'entre elles cela ne fera pas doute, parce que l'expérience lui a appris que les herbes de nos champs, que les feuilles de nos arbres, mises en tas, se décomposent naturellement et fournissent un terreau très-propre à fertiliser le sol. Mais, s'il en est autrement pour quelques autres, l'étude que nous allons en faire successivement sera de nature à dissiper ces doutes ; car elle va nous permettre d'en faire comprendre au praticien la valeur et de lui indiquer les moyens de les utiliser toutes les fois qu'il lui sera facile de s'en procurer en quantité convenable et à bon marché.

Enfouissement des récoltes en vert.

Ce moyen de fumer le sol n'était point inconnu des anciens ; il était utilisé chez les Grecs et nous le retrouvons plus tard dans l'agriculture des Romains. L'usage s'en est conservé de nos jours, dans certaines localités et particulièrement dans le Midi. C'est qu'en effet, ce moyen qui consiste à développer sur le sol des récoltes de plantes à croissance rapide et peu coûteuses, pour les enfouir ensuite, offre à notre agriculture un moyen naturel et facile de parer à l'insuffisance du fumier. Il est surtout appelé à rendre de grands services au début d'une entreprise agricole, alors que le cultivateur manque d'engrais et n'a pas la facilité de s'en procurer. Son emploi convient encore pour fumer les champs éloignés des fermes et d'un accès difficile. Dans ce cas il épargne aux cultivateurs des charrois toujours coûteux et quelquefois impossibles. Quelques agronomes pensent que ce genre d'engrais donne à la terre une fécondité préférable à certains fumiers, en même temps qu'il y maintient de la fraîcheur, nécessaire au développement d'un grand nombre de végétaux. Cette dernière propriété des fumures vertes indique de suite, au cultivateur, que leur usage convient plutôt aux terres sèches et légères, qu'aux terres humides et argileuses et même aux climats chauds, qu'aux pays froids.

Enfin nous avons déjà vu que leur usage pourrait être d'un puissant secours, sur les terres défrichées de la Sologne, et qu'elles seraient pour le cultivateur de ces localités un moyen précieux, de parer à l'épuisement prématuré de la fertilité naturelle de ces sols, par l'emploi réitéré des noirs ou des phosphates. Malgré les avantages que nous avons signalés, nous ne voyons guère, dans nos contrées, le cultivateur utiliser l'enfouissement des récoltes en vert, comme moyen de fumer son sol. Cela tient sans doute aux causes suivantes : La première, c'est que le praticien ne se rend peut-être pas un compte exact de la valeur de cette fumure ; la seconde, c'est que le cultivateur n'aime guère semer sans récolter; et comme en outre, presque toutes les récoltes qui peuvent être enfouies en vert, peuvent aussi servir de fourrages, il trouve peut-être plus d'avantage à les faire consommer par son bétail, qu'à les enfouir pour fumer son sol. Examinons donc ces deux questions, et voyons d'abord quel peut être le but d'une fumure verte. Son véritable but c'est d'enrichir en très-peu de temps le sol d'éléments nutritifs empruntes à l'air. Cela sera facile à comprendre. La récolte qu'on veut développer dans ce but, va s'élever dans des milieux différents : au moyen de ses racines, elle puisera dans le sol les éléments dont elle a besoin; mais, en se développant, elle va produire des feuilles qui emprunteront à l'air les gaz fertilisants, *azote*, *acide carbonique*, qui constituent de l'humus. Si à la floraison, au moment où va se former la graine, on enfouit la récolte, on rapportera bien au sol tous les éléments minéraux qui lui ont été enlevés, mais aussi tous ces gaz fertilisants empruntés à l'atmosphère. En un mot, en enfouissant une récolte en vert, on introduit, dans le sol, des substances qui ne lui ont point été enlevées, qui n'y préexistaient pas et qui, à cause de leur structure, vont promptement se transformer en un humus azoté qui constituera, pour le sol, une plus-value de valeur productive. Outre cette première plus-value, puisque les gaz fertilisants de l'atmosphère seuls ne peuvent suffire au développement d'une plante, l'enfouissement de notre récolte va rapporter au sol tous les éléments phosphatés et alcalins qu'elle lui a pris, mais sous une forme et sous un état plus propres à être absorbés rapidement.

L'exemple suivant fera mieux comprendre notre pensée.

Supposons un cultivateur intelligent, qui vient de fumer convenablement un hectare de terre pour y développer successivement une récolte de colza et une récolte de blé. Il vient d'obtenir une belle récolte de colza qui, comme tout le monde le sait, est très-épuisante ; il craint que la fertilité de son champ ne soit plus suffisante pour lui donner une bonne récolte de blé. Il développe alors sur son sol une culture de moutarde blanche qu'il destine à être enfouie à la floraison. La moutarde est une plante qui croît très-rapidement ; elle met 40 à 50 jours pour arriver à sa floraison, époque où l'on enfouit les fumures vertes. Pendant sa croissance, les parties herbacées, qu'elle développe, se nourrissent presque entièrement d'acide carbonique et d'éléments azotés qu'elle emprunte à l'air. En enfouissant cette récolte, comme fumure, notre cultivateur va donc rapporter, sur son champ, tous les matériaux fertilisants empruntés à l'air et qui n'existaient pas dans le sol ; et comme l'analyse constate qu'une récolte de moutarde en vert renferme 90 kilos d'azote, son enfouissement va donc enrichir le sol, destiné à être ensemencé en blé, de 90 kilos d'azote et d'une quantité considérable d'humus. Mais le raisonnement nous indique, en outre, que les principes minéraux phosphatés ou alcalins, qui ont été pris au sol par la moutarde, pendant sa croissance, vont en même temps être rapportés au sol, en présentant beaucoup plus de chances d'être absorbées par les racines de la récolte future, que s'ils étaient engagés dans les particules terreuses de la couche arable.

Si donc, nous ne tenions compte ici que de la valeur fertilisante que va procurer au sol l'enfouissement de notre récolte en vert, il est bien certain que nous viendrions blâmer le cultivateur de ne pas en agir ainsi. Mais il n'en sera plus de même, si nous considérons que ce cultivateur, même en compromettant un peu sa récolte future de blé, développe sa récolte de moutarde, la fait faucher en vert pour donner à son bétail; car alors les principes azotés qu'elle a empruntés à l'air vont s'animaliser, fournir au praticien de la viande, du lait et du fumier. Dans ce cas, cette culture dérobée produira peut-être de plus grands avantages que si elle eût été enfouie pour servir de fumure. C'est là, sans doute, la cause principale qui fait que dans nos localités les cultivateurs n'usent pas plus souvent de l'enfouissement des récoltes en vert, comme moyen de fumure; parce que généralement ils manquent de fourrages pour nourrir leur nombreux bétail.

Quoi qu'il en soit, nous devons indiquer ici, au praticien, les règles à suivre toutes les fois qu'il voudra utiliser les récoltes enfouies en vert, comme moyen de fertiliser ses champs.

Toutes les plantes ne sont pas également propres à être enfouies pour servir de fumures. La propriété qu'ont les gaz fertilisants de l'atmosphère de pouvoir être absorbés par les feuilles, étant en raison directe du développement que peuvent prendre ces mêmes feuilles, le raisonnement nous indique que certaines plantes comme les céréales, et, par-dessus tout le blé, qui ont des feuilles petites, ne sauraient convenir, et que lorsque le cultivateur aura l'intention de développer une récolte pour l'enfouir, il devra suivre les règles suivantes et choisir :

1° Les plantes qui ont nécessairement le feuillage le plus riche et le plus abondant ;

2° Celles qui arrivent le plus promptement à leur maximum de développement ;

3° Celles dont les semences sont de peu de valeur et dont la culture exige le moins de frais ;

4° Celles qui peuvent prospérer dans un terrain peu chargé d'engrais.

Le nombre des plantes qui peuvent remplir ces diverses conditions n'est pas très-considérable, et dans leur choix, le cultivateur aura encore à tenir compte de la nature de son sol.

Dans les terres argileuses, on peut développer, comme fumure verte, les plantes suivantes :

Les féveroles,	La navette,
Les vesces,	La moutarde,
Les pois,	La minette,
Les colzas,	Le trèfle.

Dans les terres légères ou sablonneuses, on doit préférer :

Le trèfle blanc,	Le sarrasin,
Le trèfle incarnat,	Le spergule,
Le lupin.	Les raves.

Le cultivateur, quand il semera une plante pour servir de fumure en vert, ne doit pas oublier le but qu'il se propose; c'est d'obtenir, non plus des graines nombreuses et bien développées, mais une grande quantité de tiges et de feuilles fournissant de l'humus *azoté*. Il devra donc semer, en conséquence, plus dru qu'à l'ordinaire.

L'époque à laquelle on doit enfouir les récoltes vertes étant au moment de la floraison, alors les fonctions des feuilles cessent et ne prennent plus rien à l'atmosphère. On peut donc les enfouir sur place en cet état, ou les transporter pour les enfouir sur un autre champ. Dans tous les cas, on se sert de la charrue, et si on les enfouit sur place, pour rendre le travail plus facile, on passe sur la récolte verte un coup de rouleau, ou bien on les fauche.

Il n'est guère possible de semer une nouvelle récolte immédiatement après l'enfouissement, parce que le hersage nécessaire, pour enterrer la graine, ramènerait à la surface du sol les plantes enfouies et le travail serait défectueux. Il vaut donc beaucoup mieux attendre que les plantes soient un peu décomposées.

Enfin, avant de se livrer à la production de récoltes, destinées à être enfouies pour servir de fumure, le cultivateur ne devra pas oublier que leur production nécessite des frais, dont il doit tenir compte. Ces frais sont :

1° La rente de la terre pendant la végétation ;

2° Les frais de culture ;

3° Les frais d'ensemencement ;

4° Les frais d'enfouissement.

Nous voyons donc qu'au point de vue de l'économie agricole, l'enfouissement d'une récolte en vert, comme moyen de fumure, dépend de la somme des frais faits pour l'obtenir, comparée à la valeur de l'engrais obtenu. C'est-à-dire que si le cultivateur dépense 100 francs pour obtenir une récolte en vert destinée à être enfouie, il faut que la récolte obtenue présente une valeur fertilisante de plus de 100 francs, sans quoi le bénéfice serait nul ; et si elle était inférieure, l'agriculteur serait en perte.

Comme avantage que peut offrir à l'agriculture une fumure verte sur de bonnes terres, nous pouvons prendre l'exemple que nous citions tout-à-l'heure ; une culture de moutarde intercalée entre une récolte de colza et une future récolte de blé. Dans le Bolonais, sur les bonnes terres destinées à porter du chanvre, les cultivateurs ont soin de développer une culture verte de fèves, pour être enfouie avant les semailles du chanvre. Cette culture produit en moyenne une quantité de fanes vertes, qui, desséchées, pèsent 1,600 kilos et l'analyse constate qu'elles rapportent au sol 37 kilos d'azote, ce qui représente au point de vue de ce principe fertilisant 9,000 kilos de fumier, et une pareille fumure produit d'admirables résultats.

Dans quelques parties des Etats-Unis, on cultive spécialement le trèfle pour être enfoui en vert et servir de fumure. Enfin une culture, que pourrait employer pour le même cas le cultivateur des contrées qui nous avoisinent, serait la culture du lupin; cette plante prospère très-bien, sur les points les plus élevés et les plus froids, sur les sols de bruyères; mais elle ne peut réussir sur les sols calcaires; elle convient très-bien encore sur les terres où le seigle prospère; et elle est l'engrais vert des terrains argilo-siliceux. Il n'en faut pas davantage pour faire supposer que cette culture réussirait très-bien en Sologne. Dans les environs de Nîmes, où l'on cultive le lupin pour être enfoui en vert, on le sème en février et on l'enterre à la herse. Il faut le semer assez épais, 2 hectolitres de semence suffisent pour un hectare; lorsque cette plante est arrivée à sa troisième fleur, on y fait passer le rouleau et on l'enterre par un labourage. Une bonne récolte de lupin donne en moyenne 5,000 k. de fanes vertes par hectare, représentant de 82 k. 500 d'azote, soit 20,000 kilos de fumier. Evidemment, une pareille culture réussirait bien en Sologne; elle donnerait au cultivateur de ces localités, défalcation faite des frais qu'elle pourrait occasionner, une bonne fumure, soit à des conditions très-avantageuses.

Malgré les avantages que le cultivateur pourra retirer de l'enfouissement des récoltes en vert, comme moyen de fumer son sol, il ne devra pas oublier que ces fumures n'apportent au sol que de l'humus azoté, développé par la végétation, elle ne contient donc aucune substance minérale, qui ne préexistât dans le sol. Un pareil mode de fumer le sol répété successivement ne tarderait pas à appauvrir le sol des éléments minéraux nécessaires à la production.

Enfouissement des prairies.

Les prairies naturelles et artificielles, quoiqu'elles ne soient point cultivées dans le but d'être enfouies comme engrais, mais bien au contraire pour former la base principale de l'engraissement et de l'entretien du bétail, ne sauraient être conservées indéfiniment. Aussi, lorsque les produits qu'elles fournissent commencent à décroître, le cultivateur les retourne pour y établir d'autres cultures et les remettre plus tard en prairies. Tout le monde connaît les bonnes récoltes que notre agriculture obtient sur les défrichements des prairies, et il n'est pas sans intérêt d'examiner ici la cause de cette fertilité, acquise par le sol où existait la prairie. Voyons d'abord pour les prés naturels. Les prairies naturelles ne prospèrent d'abord bien que sur de bons sols. Les plantes qui les forment n'étant point cultivées pour leurs graines n'épuisent guère le sol, puisque leur alimentation se fait surtout au moyen des gaz de l'air. Mais, en outre, puisqu'elles restent longtemps en place, elles laissent tomber annuellement une foule de débris végétaux qui restent à la surface du sol et l'enrichissent d'humus *azoté*. Lorsqu'on vient à défricher la prairie, on enfouit tous ces débris végétaux ; on fournit donc à la couche arable une certaine quantité d'humus azoté, très-propre à l'alimentation de toute espèce de récoltes qu'on fera succéder au défrichement. A l'appui de ce raisonnement, M. de Gasparin établit qu'une prairie de foin naturel abandonne au sol, après son défrichement, une quantité d'azote représentant les 44 millièmes de son produit normal, desséché à 110 degrés. Dans ce cas, nous voyons que le défrichement d'un hectare de prairie naturelle qui donnerait annuellement 10,000 kilos de foin sec, apporterait dans la couche arable 440 kilos azote. Ce chiffre fera facilement comprendre au cultivateur la fertilité que peut acquérir après un pareil défrichement un hectare de terre, car pour représenter 440 kilos azote, il faudrait 110,000 kilos de fumier.

Mais les prairies artificielles que l'on retourne sont aussi pour le sol une augmentation de fertilité variable, suivant la nature de la prairie artificielle. Le défrichement du trèfle se fait généralement au bout de la deuxième ou de la troisième année. Si c'est un trèfle de deux ans qu'on retourne, le froment y prospère assez bien, mais si le trèfle a trois ans, les racines, trop grosses, n'ont pas le temps de se décomposer et alors elles ne peuvent pas fumer la terre assez tôt, pour que le froment en profite. Dans ce cas, nous voyons toujours les cultivateurs intelligents développer, sur des défrichements de trèfle de trois ans, des récoltes de seigle ou d'avoine. M. Boussingault établit que si l'on recueille avec soin les racines et les débris d'un défrichement de trèfle, on trouve que leur poids total s'élève au chiffre de 1,547 kilos à l'état sec et par hectare, et la quantité d'azote contenue dans ces débris est de 28 kilos, représentant seulement 7,000 kilog. de fumier, d'où le cultivateur doit conclure qu'après un défrichement de trèfle, il ne doit faire qu'une seule récolte de blé sans engrais. Car chercher à en obtenir une autre, dans le cas où l'on réussirait, ce serait appauvrir sa terre.

Les luzernes durent plus longtemps que les trèfles ; mais lorsque le cultivateur s'apercevra qu'elles sont envahies par les graminées vivaces et surtout par les *bromes*, il faut qu'il se décide à les défricher; car alors les produits qu'elles donnent décroissent très-rapidement. On défriche généralement la luzerne, soit en automne, si on veut la faire suivre par un blé d'hiver, soit en janvier, si une avoine de printemps doit lui succéder. Outre les nombreux débris qu'elles laissent à la surface du sol, les racines de la luzerne, qui s'enfoncent profondément, ont encore l'avantage de rapporter dans la couche arable une quantité notable de matières minérales, puisées dans les couches profondes du sol et très-propres au développement d'autres récoltes.

Aussi, dans les environs de Paris, on obtient quelquefois, sur le défrichement d'un hectare de luzerne, une récolte de 60 à 70 hectolitres d'avoine de printemps, ce qui n'empêche pas d'obtenir l'année suivante, sans addition d'engrais, 20 à 25 h. de blé.

Ceci n'a rien qui doive nous étonner, car M. de Gasparin estime qu'une luzerne défrichée donne, par ses débris et ses racines, un poids de 37 à 38,000 kilos, contenant 296 kilogrammes d'azote et représentant une fumure de 74,000 k.de fumier.

Ce que nous venons d'établir ici justifiera sans doute, aux yeux du praticien, les bons résultats qu'il peut obtenir dans les défrichements des prairies, soit naturelles soit artificielles, et en terminant cette étude, il nous suffira de rappeler que les débris, que laisse au sol une prairie naturelle défrichée, équivalent, au point de vue de l'azote, à 110,000 kil. de fumier. Les débris du défrichement d'un trèfle à 7,000 kilos de fumier, et enfin les débris d'une luzerne défrichée à 74,000 kilos de fumier.

Il est bien entendu que ces chiffres pourront varier, suivant la fertilité du sol et suivant le temps que ces prairies resteront sur le sol, avant d'être soumises au défrichement. Toutefois, les différences dans les chiffres ne détruisent pas les principes que nous avons établis.

CHAPITRE XII.

Marcs de raisins et de fruits. — Résidus industriels. — Marcs ou tourteaux de graines oléagineuses.

Nous avons à examiner maintenant la valeur de certains résidus industriels qui nous sont fournis par les végétaux, tels que les marcs de fruits, les résidus de brasseries, de féculeries, de distilleries et les marcs ou tourteaux de graines oléagineuses.

La majeure partie de tous ces produits sont, comme nous allons le voir, pour l'agriculture des ressources le plus souvent locales; mais néanmoins ils lui offrent un double avantage. Utilisés le plus généralement dans l'alimentation du bétail, ils suppléent au manque de fourrages, donnent du fumier au cultivateur, en même temps que leurs principes azotés nutritifs s'animalisent et fournissent des produits de vente, qui peuvent offrir des bénéfices. Mais lorsque le cultivateur se trouve avoir un excédant de ces résidus, ou lorsque ces résidus ont subi quelques altérations qui les rendent impropres à l'alimentation, on peut s'en servir comme de moyens de fertiliser le sol. Le cultivateur a donc un double intérêt à les connaître, et nous allons les étudier ici sous le double point de vue que nous venons d'indiquer.

Marcs de raisins.

L'un des plus importants de ces résidus dans nos localités est, sans contredit, le marc de raisins. Ce produit, tel qu'il sort de l'alambic des brûleurs, contient 73 °/₀ d'eau et 590 grammes d'azote par 100 kilos. Mais desséché à l'air libre, il ne contient plus que 7 °/₀ d'eau et environ 2 °/₀ d'azote. Sous ce dernier état, le marc de raisins peut tout à la fois servir dans l'alimentation du bétail, ou comme engrais. Mais afin de bien comprendre sa valeur dans l'alimentation du bétail, il est nécessaire de dire ce qu'on entend par *valeur nutritive*.

La valeur nutritive d'une substance alimentaire quelconque, c'est la quantité de sang, de viande, en un mot de produit vivant que peut fournir cette substance, quand elle a été digérée. Or la science admet que cette quantité est proportionnelle à celle des matières azotées, en un mot de l'azote contenu dans la substance alimentaire.

Puisqu'il en est ainsi, et l'analyse nous indiquant que 100 kilos de marcs de raisins contiennent 2 kil. d'azote, il va nous être très-facile de comparer la valeur nutritive du marc de raisins, avec une autre matière alimentaire, prise pour point de comparaison et dont l'usage est devenu général.

Cette matière est la pulpe de betteraves, obtenue par le procédé Champonnois, contenant 80 °/₀ de son poids d'eau et 380 grammes d'azote par 100 kilos. Or, le calcul établit que 19 kilos de marcs de raisins, desséchés à l'air libre, contiennent autant d'azote que 100 kilos de pulpes de betteraves. Donc, 19 kilos de marcs de raisins représenteront la valeur nutritive ou seront l'équivalent nutritif, au point de vue de l'azote, de 100 kilos de ladite pulpe. Disons encore, afin de ne laisser aucun doute au praticien, qu'en apportant dans la ration qu'il donne à ses animaux 19 kilos de marcs de raisins, il leur fournira autant d'azote que s'il leur donnait 100 kilos de pulpes de betteraves.

Voilà pour l'emploi des marcs de raisins, considérés comme aliment.

Mais nous avons maintenant à indiquer au praticien qui voudrait l'utiliser comme engrais, quelle est sa valeur fertilisante. Si nous comparons la valeur fertilisante de ce produit à la valeur en azote du fumier, nous verrons que 2,000 kilos de marcs de raisins représentent, au point de vue de l'azote, la fumure annuelle d'un hectare de terre ou 10,000 kilos de fumier. Le marc de raisins, produit naturel de la vigne, en est, avant tout, l'engrais par excellence. Aussi le voyons-nous utilisé dans ce but, par tous les viticulteurs intelligents du midi de la France et de la Côte-d'Or. Exemple utile à suivre et que devraient bien mettre en pratique tous les vignerons de nos localités.

Profitant en effet de l'enseignement naturel, qui indique à l'homme que le meilleur engrais d'une plante est celui qui provient des détritus de cette plante, le vigneron de nos localités devrait comprendre que les matières qu'il faut utiliser avant tout pour fumer la vigne, sont : les feuilles, les sarments de vigne, les marcs de raisins et même les lies épuisées que l'on doit chercher à employer dans le même but.

Quoi de plus rationnel, en effet, que d'enfouir au pied des vignes tous ces produits qui en viennent ? Le bon sens n'indique-t-il pas qu'on rapporte ainsi au sol tous les éléments de production, sous les formes les plus convenables, pour faire prospérer la culture de la vigne. Malheureusement cette vérité n'est pas encore comprise dans les campagnes qui nous environnent.

Marcs de pommes.

Dans les localités où le cidre remplace le vin comme boisson, les débris de pommes ou de poires, qui ont servi à sa confection, peuvent aussi être utilisés par l'agriculture. Le marc de pommes à cidre retient environ 53 °/₀ d'eau, et, dans cet état, 100 kilos contiennent seulement 290 grammes d'azote. Ces chiffres nous indiquent de suite qu'il n'a pas une grande valeur, soit comme matière alimentaire, soit comme engrais. Si nous comparons en effet, au point de vue de l'azote, sa valeur nutritive à la pulpe de betteraves, dont nous avons parlé ci-dessus, nous trouvons que pour remplacer 100 kilos de pulpes de betteraves, il nous faudrait 131 kilos de marcs de pommes. Mais indépendamment de sa valeur nutritive presque nulle, son acidité est probablement nuisible ; car toutes les fois qu'on a voulu l'utiliser dans l'alimentation, son usage n'a pas donné de bons résultats.

Employés comme engrais, les marcs de pommes ou de poires, quoiqu'ils n'aient qu'une faible valeur fertilisante, doivent être, ainsi que le raisonnement nous l'indique, l'engrais naturel des pommiers ou des poiriers. Mais l'agriculture peut aussi les utiliser ; seulement elle doit le faire avec intelligence, car les cultivateurs qui les ont employés sans discernement n'en ont point obtenu de bons résultats.

Ces marcs, en effet, sont très-acides et, nous l'avons déjà vu, l'acidité est nuisible à la végétation. Si donc ils étaient répandus, tels qu'ils sortent des pressoirs, sur des terres pauvres en calcaire, ils deviendraient plus nuisibles qu'utiles. Il faut donc, avant de les employer, détruire leur acidité et pour obtenir ce résultat il est un procédé facile. Il suffit de les mélanger convenablement, soit avec des cendres, de la marne, de la chaux ou du fumier.

Mais dans les localités où se trouvent ces marcs en grande quantité, le moyen le plus convenable pour les utiliser est d'en fabriquer des composts, en disposant par couches de la terre, des marcs de pommes ou de poires et un peu de chaux. Au bout de quelque temps, on recoupe la masse pour la mélanger et l'on attend ensuite, pour s'en servir, l'époque où l'on n'aperçoit plus dans la masse de traces de marcs.

De pareils composts, employés sur les herbages, produisent d'excellents résultats. Si nous comparons, au point de vue de l'azote, la valeur fertilisante du marc de pommes à la valeur du fumier, nous voyons que pour remplacer 10,000 kilos de fumier, il faudrait 13 à 14,000 kilos de marcs. Ceci suffitpour démontrer que cet engrais n'a pas une valeur qui mérite de le faire sortir des lieux où il se produit, et qu'il ne peut être utilisé que sur place.

Résidus des brasseries.

Les brasseries peuvent livrer à l'agriculture, comme résidus, la drèche, les touraillons d'orge et les cônes du houblon.

La drèche est le marc de l'orge qui a servi à la fabrication de la bière. Cette matière est généralement destinée à l'alimentation du bétail et ne doit être utilisée, comme engrais, que dans le cas où elle aurait subi un commencement de fermentation, qui la ferait rebuter par les animaux. Telle qu'elle sort des chaudières des brasseurs et quoique égouttée, elle retient encore 73 °/₀ de son poids d'eau. Elle contient dans cet état 700 grammes d'azote par 100 kilos. Son équivalent nutritif ou sa valeur nutritive, comparée à la pulpe de betteraves, est représentée par 54, ce qui revient à dire que 54 kilos de drèche fournissent autant de matières azotées nutritives, que 100 kilos de pulpes de betteraves.

L'agriculture, nous venons de le dire, ne l'emploie comme engrais que lorsqu'elle est altérée par la fermentation, et le cultivateur, qui en aurait dans cet état, ne devra pas oublier que la fermentation l'a rendue acide et qu'il doit, avant de l'employer, détruire cette acidité par les mêmes moyens que nous avons indiqués tout-à-l'heure.

Puisqu'elle retient beaucoup d'humidité, les terrains auxquels elle conviendra le mieux, comme engrais, sont les terres sèches, légères, et la culture qu'elle devra le mieux favoriser est celle de l'orge.

Touraillons d'orge.

Les brasseurs livrent aussi à l'agriculture, sous le nom de touraillons d'orge, les radicelles qui proviennent de la germination de cette graine. Ce produit, desséché à l'air libre, contient, sur 100 kilos, 4 kilos 530 d'azote. Ce chiffre indique que si l'on s'en sert dans l'alimentation du bétail, sa valeur nutritive, comparée à celle de la pulpe de betteraves, est de 8 kilos 400, ou bien que 8 kilos 400 touraillons d'orge contiennent autant de matières nutritives que 100 kilos de pulpes de betteraves. Mais on utilise plus souvent les touraillons comme engrais; leur prix peu élevé, la forme de fils deliés, sous laquelle ils se présentent, la propriété qu'ils ont, lorsqu'ils sont desséchés à l'air, de pouvoir absorber des liquides fertilisants, comme le purin, les urines, les rendent très-convenables à la confection des composts.

En Angleterre, on les emploie en nature pour la culture de l'orge et du froment, à la dose de 35 à 50 hectolitres par hectare.

Mathieu de Dombasle les utilisait aussi à Roville, mais il ne s'en servait que comme complément de fumure. Il les répandait à la fin de l'hiver en couvertures, sur les blés d'automne qu'il n'avait pas suffisamment fumés, et à la dose de 25 à 30 sacs par hectare.

Enfin les brasseurs peuvent fournir encore aux cultivateurs les débris des fleurs ou cônes de houblon qui ont servi à leur fabrication. Ces résidus ont été employés avec succès pour fumer les prés.

Résidus des féculeries.

Les fabricants de fécule peuvent fournir, aux cultivateurs, la pulpe de pommes-de-terre, puis un résidu particulier que l'on designe improprement sous le nom de *son*.

La pulpe de pommes que l'on obtient après en avoir extrait la fécule, livrée à l'agriculture telle qu'elle sort de la presse, peut d'abord être utilisée, dans l'alimentation du bétail. Elle contient, lorsqu'elle est égouttée, 510 gr. d'azote, par 100 kilos de pulpe. Ce chiffre établit que sa valeur nutritive comparée à la pulpe de betteraves est de 74 ; ou si l'on veut, 74 kilos de pulpes de pommes-de-terre contiennent autant de matières azotés nutritives, que 100 kilos de pulpes de betteraves. Cette pulpe, quoique d'une valeur plus nutritive que celle de betteraves est peu employée dans l'alimentation.

Son altération facile, surtout à la température douce du printemps, fait qu'à cette époque elle ne peut guère être utilisée que comme engrais. En outre, comme au point de vue de l'azote elle ne constitue guère un engrais plus riche que le fumier, le cultivateur qui pourrait s'en procurer à bon marché des quantités notables ne pourrait pas mieux l'utiliser qu'en la mêlant à son fumier et se servir d'un pareil mélange, comme moyen de fumer ses cultures de pommes-de-terre.

Le résidu improprement appelé *son* et que peuvent encore fournir les féculeries est celui qui se trouve au fond des bacs, où on lave la fécule. Ce résidu qui n'est enlevé qu'à l'époque où les féculiers cessent leurs travaux, fournit, quand il est desséché, un engrais pulvérulent dont la valeur fertilisante est quadruple de celle du fumier. C'est donc un résidu que les cultivateurs, qui pourraient s'en procurer, ne devront pas dédaigner.

Résidus des sucreries et distilleries.

Les usines où l'industrie prépare en grand le sucre et l'alcool au moyen de la betterave, étaient jadis limitées à certaines contrées fertiles de la France; mais l'industrie progressive poussant en quelque sorte au développement de notre agriculture, pour se procurer des éléments de travail nécessaire, n'a pas tardé à établir de pareilles usines, dans bien d'autres localités, qui livrent aujourd'hui au cultivateur les pulpes de la betterave qu'ils ont distillée. Ces pulpes sont généralement employées dans l'alimentation du bétail, et le cultivateur aura toujours plus de profit à en agir ainsi. Il n'y aurait que dans le cas d'excédant ou d'altération qu'il devrait se servir des pulpes de betteraves comme engrais.

Employées dans l'alimentation du bétail, les pulpes de betteraves offrent à notre agriculture plusieurs avantages. Les matières azotées qu'elles contiennent s'animalisent, en même temps que les matières non digérées reviennent au fumier, et permettent ainsi au cultivateur de restituer au sol une bonne partie des principes fertilisants, que cette culture lui a enlevées.

Mais, en outre, la valeur nutritive des pulpes de betteraves est plus grande que celle de la betterave elle-même, c'est ce que nous prouveront les chiffres suivants. L'analyse constate que tandis que 100 kilos de racines de betteraves ne contiennent que 250 grammes d'azote, 100 kilos pulpes de betteraves obtenus au moyen du procédé Champonnois, quoique retenant encore 80 0/0 de leur poids d'eau, contiennent 380 grammes azote. Si nous comparons la valeur nutritive, au point de vue des matières azotées, de la racine de betteraves et de la pulpe de betteraves, au foin de prairie, qui contient par 100 k. 1 kil. 50 d'azote, voici ce que nous trouvons.

Pour remplacer dans l'alimentation du bétail, au point de vue des matières azotées 10 kilos foin de prairie, il faudrait donner 46 kilos 200 de racines de betteraves ; tandis que 30 kilos 30 de pulpes de betteraves rempliraient le même but. En un mot, au point de vue des matières azotées, la pulpe de betteraves est des deux tiers moins nutritive que le foin de prairie et un tiers plus nutritive que la racine de betteraves qui l'a fournie.

Mais il est encore un point sur lequel il faut appeler l'attention du cultivateur, c'est que la pulpe de betteraves qui vient de nous servir de type dans nos comparaisons, est la pulpe obtenue industriellement par le procédé Champonnois, et que toutes celles que les usines peuvent livrer à l'agriculture ne sont point obtenues par le même moyen. Aussi présentent-elles à la pratique des valeurs nutritives différentes. Les chiffres que nous allons recueillir prouveront au cultivateur que celle qu'il doit préférer, pour l'alimentation de son bétail, est celle obtenue par le procédé Champonnois. En effet :

100 kilos de pulpes de betteraves (procédé Champonnois) contiennent 80 kilos d'eau, et 20 kilos de matières organiques et minérales représentant 380 gr. d'azote.

100 kilos de pulpes de betteraves (procédé Leplay), contiennent 91 kilos d'eau, et 9 kilos de matières organiques et minérales représentant 210 gram. d'azote.

100 kilos de pulpes de betteraves (procédé Kesler), contiennent 93 kilos d'eau, 7 kilos seulement de matières organiques et minérales représentant 120 gr. d'azote.

Cette composition diverse fera comprendre au praticien que, puisque ce sont les matières azotées qui rendent les aliments nutritifs, ces pulpes ont des valeurs nutritives différentes, et le calcul établit que dans les rations à donner aux animaux, partout où l'on donnera 10 kilos de pulpes de betteraves, procédé Champonnois, il faudra pour obtenir la même valeur nutritive 15 kilos de pulpes (procédé Leplay), et 31 kilos de pulpes (procédé Kesler.) Puisque ces pulpes ne sont employées, pour fertiliser le sol, que dans le cas d'altération, on conçoit alors qu'elles ne soient utilisées dans ce cas que par exception, et le meilleur moyen de les employer, ce serait de les mélanger au fumier.

Résidus des tanneries.

Outre les bourres ou poils des peaux d'animaux, dont nous avons déjà examiné la valeur, l'industrie des tanneurs peut fournir encore à l'agriculture la tannée ou écorce de chêne épuisée de la majeure partie de son tannin. Cette matière généralement employée comme combustible ou pour la fabrication des mottes à brûler, n'a pas dans cet état une grande valeur fertilisante ; car elle ne contient guère que du ligneux ou bois et des traces de sels de potasse. Mais, malgré cela, le cultivateur qui pourra s'en procurer, en quantité convenable et à bon marché, pourra l'utiliser et le transformer en engrais productif. La tannée sèche jouit de la propriété de pouvoir absorber facilement les liquides ; le cultivateur pourra donc s'en servir, pour lui faire absorber du purin, des urines, des eaux de lessive des eaux de savon. Tous ces liquides, qui contiennent des principes fertilisants, auront la propriété, en détruisant les dernières traces de tannin qu'elle contient, de débarrasser le cultivateur de liquides encombrants, de transformer en outre le ligneux en humus, si nécessaire à la fertilité du sol. Les cultivateurs de nos campagnes qui ont encore conservé la déplorable habitude de laisser séjourner le fumier dans leurs cours, s'ils sont à proximité des tanneries, trouveront un avantage réel à garnir le fond de leur cour de tannée, qui absorbera facilement le purin de leur fumier, conservera ainsi ce principe fertilisant; en même temps que la tannée, transformée en humus, viendra enrichir le fumier de ce principe fertilisant. Enfin, un moyen profitable d'utiliser la tannée, ce serait d'en placer dans les étables sous les litières. Cette matière absorbant facilement les urines, se transformerait encore là, en quelques semaines, en un humus qui viendrait grossir le tas de fumier dont le cultivateur manque toujours. Ce produit de peu de valeur, s'il est bien utilisé, peut donc encore rendre quelques services aux cultivateurs dont les terres se trouvent situées à proximité des tanneries.

CHAPITRE XIII.

Marcs ou tourteaux de graines.

Les plus importants des résidus végétaux que peut fournir l'industrie à l'agriculture sont certainement les marcs ou tourteaux de graines. Ces tourteaux sont les résidus des graines oléagineuses dont on a extrait l'huile par différents procédés. Comme les marcs de fruits et les pulpes que nous avons examinés, ils offrent au cultivateur une double ressource ; car ils peuvent être tout à la fois utilisés dans l'alimentation du bétail, ou comme engrais. Ils présentent, en outre, les avantages suivants : ils ont une valeur nutritive et fertilisante

16.

immense, et comme ils ne contiennent que peu d'humidité, ils sont d'une conservation assez facile, et d'un transport commode ; ce qui permet au cultivateur, même éloigné des lieux où on les produit, de les utiliser, quand il le veut. Les tourteaux les plus connus sont les suivants :

Tourteaux de graine de lin ;
de colza ;
de pavot ou œillette ;
de sésame ;
Faînes ;
Chenevis ;
Cameline ;
Arachide ;

Il en est encore quelques autres moins importants, tels que ceux de noix, etc., mais ceci suffit pour nous prouver que le nombre en est assez grand, et l'on peut affirmer que les quantités, que les usines en peuvent livrer à l'agriculture, s'élèvent annuellement à 30 millions de kilogrammes. Ajoutons que tout fait supposer que le nombre en augmentera encore ; car on apporte tous les jours, des contrées lointaines, de nouvelles graines qu'on cherche à utiliser pour l'extraction de l'huile.

Si nous recherchons d'abord la composition de ces tourteaux, nous trouverons que sur 100 kilos ils nous donnent les chiffres suivants :

COMPOSITION ET PRIX

de 100 kilogrammes des Tourteaux les plus connus.

PRIX......	15 à 20 fr.	12 à 14 fr.	12 à 14 fr.	12 à 15 fr.	6 à 7 fr.	10 à 12 fr.	12 à 14 fr.	9 à 12 fr.
	LIN.	COLZA.	PAVOT.	SÉSAME.	FAINES.	CHENEVIS.	CAMELINE	ARACHIDE
Matières organiques	64 00	61 65	55 30	60 93	71 30	63 20	59 55	65 00
Sels solubles......	10 00	5 55	5 00	6 00	7 00	5 50	1 80	5 50
Sels insolubles....	» »	0 95	7 50	3 50	» »	5 00	6 40	» »
Phosphate de chaux	4 90	6 50	6 30	3 20	2 10	7 10	4 20	1 20
Azote...........	6 00	5 55	7 00	5 57	4 50	6 20	5 55	6 07
Huile, sable et eau.	15 10	19 80	18 90	20 80	15 10	13 00	22 50	22 23
	100 00	100 00	100 00	100 00	100 00	100 00	100 00	100 00

La composition que l'analyse assigne aux tourteaux est bien de nature à convaincre le cultivateur, que de tous les résidus végétaux, ce sont les résidus de graines qui sont les plus riches en principes nutritifs et fertilisants. Comment pourrait-il en être autrement ? De toutes les parties d'une plante, c'est toujours la graine qui, a poids égal, contient le plus d'azote. Les tourteaux n'étant que des graines écrasées et privées de leur huile, qui ne renferme pas d'azote, conservent donc tous les principes azotés, que la graine a accumulés pour se former et pour remplir aussi le double but, qui lui a été assigné par le Créateur, qui est la conservation de l'espèce et la nutrition de l'homme ou des animaux. Aussi, les graines qui reçoivent une autre destination que celle d'être semées pour reproduire ou être conservées pour l'alimentation, sont-elles de précieux éléments de fertilisation ; et cela est si vrai, qu'en Toscane, on emploie, comme moyen de fumer le sol, les graines du lupin. Ces graines sont d'abord bouillies pour en détruire la propriété germinatrice, et on les enfouit ensuite dans le sol. Or, comme le calcul établit que 100 k. de graines de lupin renferment 3 kilos 500 d'azote, nous voyons que 100 kilos de ces graines apportent au sol à peu près autant d'azote que 800 kilos de fumier. Le fait isolé que nous signalons ici n'a d'autre but que de faire voir que les graines sont de bons engrais et qu'il doit en être de même de leurs résidus ou tourteaux.

Emploi des tourteaux dans l'alimentation du bétail.

Pour que le cultivateur comprenne bien pourquoi les tourteaux sont utilisés avec avantage dans l'alimentation du bétail, il devra se rappeler que la valeur nutritive d'une substance alimentaire est proportionnelle à la quantité d'azote que contient cette substance. Il résulte de ceci que les tourteaux, que devra dans ce cas préférer le cultivateur, seront ceux qui contiennent le plus de matières azotées. Ce seront ceux-là, en effet, les plus nutritifs.

Cette vérité semble avoir été comprise de ceux qui s'occupent de l'élève et de l'entretien du bétail ; car quoiqu'il soit impossible d'établir une proportion rigoureuse entre la valeur alimentaire d'un produit et son prix commercial, que tant de circonstances peuvent faire varier, nous voyons néanmoins que les tourteaux de faînes, les moins riches en principes azotés et par cela même moins nutritifs, sont aussi ceux qui se vendent à meilleur marché, par ce fait qu'ils sont moins recherchés. Malgré cela, vus d'une manière générale, tous les tourteaux, s'ils ne récèlent pas quelques substances nuisibles, comme ceux du ricin, ou s'ils ne sont point avariés, peuvent être employés ; car, puisqu'ils contiennent une matière azotée, un peu de matières grasses, des phosphates et des sels alcalins, ils apportent à l'économie tout ce qui est nécessaire au maintien de la vie de l'animal et à son accroissement.

Voici maintenant quelques règles pour en diriger l'emploi.

Les tourteaux de lin et d'œillette sont très-estimés pour l'engraissement, les tourteaux de colza paraissent très-favorables à la production du lait; mais comme ils contiennent un principe âcre, qui résiste à la digestion et qui peut communiquer au fumier une certaine causticité, de nature à irriter les pieds des animaux, le cultivateur qui les emploiera devra fournir à son bétail une abondante litière pouvant absorber toutes les déjections.

L'emploi des tourteaux de Sésame fut d'abord mal accueilli, mais l'expérience ne tarda pas à démontrer qu'ils sont très-propices à l'engraissement et qu'ils peuvent aussi entrer dans la ration des vaches laitières dont ils augmentent le produit.

Les tourteaux de chenevis et de faînes, lorsqu'on les donne en quantité un peu grande, ont l'inconvénient de provoquer la diarrhée. L'emploi en doit donc être fait avec intelligence et modération.

Les quantités journalières qui paraissent le plus convenables sont de 5 à 600 grammes pour un cheval, 100 à 125 grammes pour un mouton. S'il s'agit d'un bœuf à l'engrais, on commence par 500 gramm. par jour et on élève progressivement la dose, jusqu'à un kilo et demi et même 2 kilos.

Les tourteaux de graines, lorsqu'on les fait entrer dans l'alimentation des animaux, ont besoin de subir quelques préparations simples. Il faut les diviser, souvent même on les délaie dans l'eau tiède et on les incorpore avec d'autres aliments, tels que balles de froment, balles d'avoine ou divers fourrages.

Ce que nous venons de dire prouve au cultivateur de quelle ressource peuvent être les tourteaux, dans l'alimentation du bétail. Plus riches en principes nutritifs que les fourrages, les pailles et les racines, leur introduction dans les rations qu'on donne journellement aux animaux permet au cultivateur d'en diminuer le volume et de les économiser lorsqu'il y aura disette.

Emploi des tourteaux comme engrais.

L'analyse que nous venons d'exposer nous indique que les tourteaux contiennent des phosphates, des alcalis et une matière organique azotée, fournissant, en se décomposant, d'abord de l'humus, puis ensuite de l'ammoniaque, c'est-à-dire de l'azote sous la forme la plus profitable aux récoltes. Ceci convaincra le cultivateur qu'ils renferment bien les éléments les plus nécessaires au développement de ses récoltes.

Ils sont, en effet, de précieux engrais, et les résultats obtenus par leur emploi, tant dans le nord de la France qu'en Angleterre, sont là pour justifier notre assertion.

Relativement à leur emploi pratique, les cultivateurs du nord de la France, du Hainaut, de la Belgique et de l'Angleterre, qui en emploient des quantités considérables, établissent la distinction suivante :

Ils divisent les tourteaux en *chauds* et *froids*. Les tourteaux chauds, qui sont ceux de pavots, de cameline et de chenevis, sont ainsi désignés, parce qu'ils se décomposent rapidement. La durée de leur action ne se fait sentir qu'un an. Les tourteaux froids, au contraire, se décomposent plus difficilement, aussi leur action dure-t-elle deux ans. Tels sont les tourteaux de colza et de lin.

Les tourteaux conviennent beaucoup aux sols calcaires, mais par-dessus tout aux terres légères, sablonneuses, argilo-siliceuses. Si on veut les employer avec avantage sur les terres argileuses, il faut, selon Schwerz, adopter la méthode suivante :

Huit ou dix jours avant leur épandage, on les mélange avec un sixième de leur volume de chaux éteinte, qu'on remue tous les jours jusqu'à l'époque où l'on voudrait les répandre.

M. Boussingault s'est élevé contre un pareil moyen, qui a, dit-il, pour but d'en faciliter la décomposition rapide et de perdre ainsi, sous forme d'ammoniaque, une partie de l'azote. Il conseille donc, lorsqu'on voudra utiliser les tourteaux sur les terres argileuses, de les délayer dans l'eau et de les répandre ensuite.

Les récoltes que favorisent les tourteaux, sont le froment, l'orge ; mais par dessus tout, les récoltes de plantes oléagineuses, colza, pavot, lin, chenevis, etc. C'est l'engrais par excellence de toutes ces cultures ; quoi, en effet, mieux que les tourteaux, pourrait leur apporter les éléments nécessaires à leur développement ?

Les cultivateurs des environs de Caen, qui ont pris la bonne habitude de fumer leurs champs avec des tourteaux de colza, pour obtenir des récoltes de cette plante, peuvent à l'aide de ce moyen, obtenir trois ou quatre fois sur le même champ des récoltes de colza, dans l'espace d'un bail de neuf ans. Pourquoi les cultivateurs de nos localités, qui se livrent à cette culture, n'useraient-ils pas du même moyen en employant les tourteaux, soit seuls, soit mélangés avec leur fumier, comme complément de fumure ?

Le cultivateur lorsqu'il voudra se servir des tourteaux, comme moyen de fumure, devra d'abord les acheter en pains et non en poudre, afin de ne pas s'exposer à les avoir mélangés de matières étrangères. Il les pulvérisera et répandra cette poudre sur ses champs à la volée, ou bien il la délayera dans l'eau, ou dans quelque liquide fertilisant, tel que du *purin*, *des urines*. Dans le nord de la France, comme nous l'avons déjà vu, on les mélange aux vidanges, on les laisse fermenter quelque temps avant de les répandre sur le sol.

Lorsqu'on les emploie seuls et en poudre comme engrais, c'est principalement au printemps, en couvertures sur les céréales d'automne qui ont eu à souffrir des rigueurs de la saison d'hiver; cet engrais est alors semé à la volée et enterré par un coup de herse. Le cultivateur, qui voudrait les employer, ne devra pas oublier qu'il est de la plus grande importance de ne faire cette opération que par un temps pluvieux, ou lorsque le sol est humide. C'est dans ce cas surtout, qu'ils opèrent d'une manière avantageuse ; s'ils étaient répandus sur un sol sec et qu'il ne survînt pas de pluie, leur action resterait nulle sur la première récolte. Néanmoins elle ne serait pas complètement perdue , puisqu'elle se ferait sentir sur la récolte suivante. C'est à cause de l'insuccès de l'emploi de la poudre de tourteaux sur les terrains secs du midi de la France, que les cultivateurs de ces localités ont pris la bonne habitude de les délayer dans l'eau, avant de la répandre sur leurs champs.

Il est encore quelques points importants à noter pour l'agriculture pratique, sur l'influence des époques de l'ensemencement et de la fumure au moyen des tourteaux. Répandus sur le sol trop longtemps avant le grain, si les circonstances sont favorables, ils se décomposent rapidement et alors il y a évidemment perte d'une certaine portion de leur principe azoté, qui exerce, sur la végétation des jeunes plantes, une action si heureuse et si énergique. Si au contraire, on les répand en même temps que la semence, ils exercent sur la germination des effets désastreux. Ce dernier fait a été mis hors de doute par la pratique.

M. Vilmorin, voulant essayer comparativement l'action des engrais pulvérulents, répandit sur un champ de trèfle incarnat, immédiatement après la semence, des engrais de ce genre, au nombre desquels se trouvaient de la poudre de tourteaux. Partout où il avait mis d'autres engrais, le trèfle leva parfaitement; mais la place où avait été répandue la poudre de tourteaux resta nue. M. de Gasparin cite aussi à l'appui de ces faits l'exemple suivant. Un propriétaire de la Provence qui possédait du blé dont la couleur était sale, eut l'idée, pour le rendre plus luisant, de le faire remuer avec une pelle de bois enduite d'huile. Le grain prit alors une belle couleur et fut vendu comme blé de semence. Mais la plupart des grains ne levèrent pas et le vendeur fut condamné à restituer le prix des grains et même à donner des dommages-intérêts aux acheteurs.

Tous ces faits acquis à la pratique, enseignent au cultivateur, lorsqu'il voudra employer les tourteaux seuls, comme moyen de fumer son sol :

1° De ne jamais les répandre en même temps

que la semence, parce que ces tourteaux, qui sont imprégnés d'huile, envelopperaient la semence et s'opposeraient à la germination ;

2° Qu'il doit les répandre autant que possible dix ou douze jours avant l'ensemencement, par un temps de pluie ou sur un sol humide, ou bien encore après les avoir exposés dehors, pendant un jour ou deux, à la pluie, ou enfin de les humecter d'eau quelques jours avant de les répandre.

Quelles sont maintenant les quantités qu'on doit en répandre pour fumer un hectare de terre? Dans tous les ouvrages d'agriculture, on trouve que cette quantité varie de 600 à 1,500 kilos par hectare. Pourquoi une différence aussi grande? Elle tient évidemment à plusieurs causes : L'état de fertilité du sol, la nature des récoltes et l'espèce de tourteaux qu'on veut employer. En tenant compte de l'analyse que nous avons vue, nous saurons que pour remplacer, au point de vue de l'azote, 10,000 kilos de fumier il faudrait environ :

6 à 800	kilos	de tourteaux de lin.
7 à 800	—	cameline,
6 à 700	—	chenevis.
7 à 800	kilos	colza.
8 à 900	—	faînes.
7 à 800	—	lin.
5 à 600	—	œillette.
7 à 800	—	sésame.

Ces chiffres nous permettent de dire que nous ne serons pas éloignés de la vérité, en admettant comme moyenne, pour une fumure convenable, le chiffre de 800 à 1,000 kilos par hectare. Mais le cultivateur qui voudra les employer ne devra pas perdre de vue à quelle espèce il s'adresse ; car leur valeur fertilisante n'est pas seulement due à l'azote, qu'ils contiennent, mais bien au phosphate qu'ils peuvent renfermer et qui s'y trouve en quantité plus ou moins grande. Cela est si vrai que les quantités de tourteaux d'arachide, de faînes et de sésame, qui peuvent égaler au point de vue de l'azote une fumure de 10,000 kilos de fumier, ne sont pas suffisantes pour assurer une récolte ; parce que, comme le prouve l'analyse, ils n'apportent pas au sol une quantité suffisante de phosphate de chaux. Il faut alors élever forcément la dose de ces tourteaux, si l'on ne veut s'exposer à un insuccès. Aussi ces tourteaux sont-ils peu recherchés, comme engrais, par la pratique et par cela même ils se vendent moins cher.

Enfin la pratique nous enseigne encore et l'analyse nous établit que la fumure en tourteaux est moins riche en humus que 10,000 kilos de fumier ; que leur emploi comme fumure ne doit se faire que sur des sols qui contiennent une certaine quantité d'humus, et que leur usage répété successivement sur le même sol, aurait l'inconvénient de l'épuiser de ce précieux élément de fertilité.

En résumé, nous voyons que le cultivateur peut retirer un double avantage de l'usage des tourteaux. La préférence qu'il doit donner à l'un ou à l'autre de ces deux modes d'emploi dépendra du prix comparatif des fourrages, des tourteaux et des autres engrais. Mais malgré leur valeur, nous avons encore à constater un fait fâcheux, c'est que, tandis que le chiffre moyen de nos importations en tourteaux s'élève annuellement à 2 millions de kilos, notre exportation moyenne est annellement de 20 millions de kilos, que les Anglais et les Belges viennent acheter sur nos marchés au détriment de notre agriculture. Pour qu'il en soit ainsi, il faut évidemment que leur emploi fournisse aux Anglais et aux Belges certains avantages. En Angleterre, on les emploie à toute espèce de cultures, en ayant soin d'y associer des éléments nécessaires au développement de chaque récolte. Nous ne pouvons ici qu'exprimer des regrets, en voyant le cultivateur de nos campagnes négliger d'utiliser les ressources que peuvent lui fournir de pareils produits.

CHAPITRE XIV.

Cendres de bois, charrées, cendres diverses.

Les cendres de bois, formées en presque totalité de matières minérales, sont généralement rangées parmi les engrais minéraux ; mais si nous voulons suivre la classification que nous avons adoptée, leur origine essentiellement végétale nous fait un devoir de les examiner ici.

Alors qu'ils se chauffent tranquillement au coin de leur feu, la réflexion seule doit indiquer aux cultivateurs de nos campagnes que la partie du bois qui ne brûle pas et qu'on désigne sous le nom de *cendres*, n'a pu être une matière inutile à la végétation. C'est qu'en effet, la présence de ces résidus dans le bois n'est pas due au hasard, puisque l'expérience nous apprend que toutes les espèces végétales, quand on les brûle, peuvent en fournir, aussi bien celles qui servent à alimenter nos foyers, que celles qui forment la base de nos récoltes. Le raisonnement indique donc aux cultivateurs, que puisque les cendres de nos foyers sont essentiellement formées de toutes les substances minérales, terreuses, que les arbres de nos forêts ont enlevées au sol pour leur développement, les cendres doivent donc avant tout être bonnes pour fertiliser nos forêts ; mais, il y a plus, c'est qu'elles sont avec juste raison considérées par notre agriculture comme de bons engrais : c'est ce que justifient les excellents résultats obtenus par leur emploi pratique :

Pour bien faire comprendre aux cultivateurs comment les cendres peuvent être de bons engrais, il faut d'abord leur prouver qu'elles contiennent les éléments nécessaires à la formation des récoltes ou des plantes qu'ils cultivent, et pour cela il nous suffira d'en rechercher la composition. Le praticien de nos campagnes concevra facilement que la composition des cendres pourra varier, suivant les plantes qui les auront fournies et suivant la nature des sols sur lesquels ces plantes se seront développées. Mais néanmoins les cendres de bois, que le commerce peut fournir à l'agriculture, provenant en général d'essences de bois, dont le nombre est assez restreint, et ces cendres étant mélangées ensemble, présentent une composition moyenne qui offre peu d'écart, à moins qu'elles n'aient été mélangées de matières terreuses inertes.

Les cendres de nos foyers se composent d'abord de sels alcalins solubles dans l'eau, et de sels insolubles terreux.

Les sels alcalins solubles dans l'eau sont les suivants :

Carbonate de potasse (sel prédominant) ;
Carbonate de soude ;
Sulfate et phosphate de potasse ;
Chlorure de potassium ;
Silicate de potasse et de soude.

Les sels terreux insolubles dans l'eau sont les suivants :

Carbonates de chaux et de magnésie ;
Phosphates de chaux et de magnésie ;
Chaux et magnésie ;
Silice ou sable ;
Oxides de fer ;
Charbon divisé.

Parmi ces éléments insolubles dans l'eau, celui qui s'y trouve en plus grande quantité est le carbonate de chaux, toutefois le phosphate de chaux s'y trouve aussi généralement en proportion notable.

En examinant avec soin cette analyse qui constate que les cendres contiennent des sels alcalins et du phosphate de chaux, composés minéraux aussi nécessaires au développement des récoltes que l'azote, le cultivateur pourra se rendre compte des bons résultats que peut procurer à l'agriculture l'emploi intelligent des cendres.

En raison de leur richesse en alcali, les cendres du foyer conviendraient d'abord très-bien aux terrains qui en manquent primitivement, ou qui ont été épuisés de ces mêmes corps par des récoltes qui en ont enlevé beaucoup.

L'emploi des cendres produit de très-bons effets sur les sols non calcaires, sur les terrains argileux froids et humides. Leur action favorable, sur les sols non calcaires, s'explique parfaitement par la présence notable du carbonate de chaux, qu'elles y apportent, tout en détruisant l'acidité que ces sols pourraient contenir. Leur action sur les sols argileux, humides et froids, s'explique aussi facilement par leur richesse en carbonate de chaux. Ils ameublissent le sol, le rendent plus facile à travailler, plus perméable aux agents atmosphériques ; ils le réchauffent en en facilitant le dessèchement. Mais les sols sur lesquels les cendres réussissent le mieux sont les sols argilo-siliceux, schisteux, granitiques ; tels sont eux d'une grande partie de l'ouest de la France, des Vosges, du Morvand et de la Sologne. Leurs bons effets sur ces sols, tient au phosphate de chaux qu'elles contiennent et que ces sols ne renferment pas ; mais ils sont aussi dus à l'action désagrégeante qu'exercent leurs alcalis sur ces détritus feldspathiques et qui mettent à nu des silicates si nécessaires à la formation des pailles des céréales. Les cendres conviennent encore aux terrains tourbeux ; ces terrains, riches en humus acide, sont improductifs. Les cendres, par leur carbonate de chaux, par leurs alcalis, détruisent l'acidité de ces sols, facilitent la décomposition des nombreux matériaux organiques qui forment la tourbe, et rendent par cela même les sols tourbeux, très-propres à la production en leur fournissant du phosphate dont ils manquent. C'est en agissant de la même manière que l'emploi des cendres produit de si bons effets sur les prairies acides bien assainies par le drainage. En très peu de temps, elles font disparaître sur ces prairies toutes les plantes, qui se développent si bien sur les terres acides, tels que laiches, carexs, ajoncs, bruyères, et à leur place on voit développer de bonnes plantes fourragères, utiles aux cultivateurs pour l'entretien de leur bétail.

Les récoltes que favorise l'emploi des cendres sont les céréales, dont elles développent la production du grain, les colzas, trèfles, navets, pommes-de-terres, prairies naturelles, et la vigne. Les cultivateurs du nord emploient les cendres des tiges de fèves et d'œillette, sur la culture du lin et du tabac. Dans d'autres contrées, nous voyons les agriculteurs brûler des bruyères, des ajoncs, pour en obtenir les cendres, qui, plus riches en principes alcalins que celles de nos foyers, sont très-propres à la culture du sarrasin, du colza, du chanvre, de la navette et du tabac.

Les quantités de cendres à répandre par hectare varient entre 25 et 35 hectolitres, et l'hectolitre pèse de 46 à 50 kilos. Mais disons au cultivateur, que lorsqu'il voudra s'en servir pour fertiliser des prairies, il aura soin de ne le faire qu'à petites doses.

Il aura soin de les renouveler de temps en temps; car autrement la causticité des cendres lui offrirait l'inconvénient de désorganiser les jeunes plantes.

Quant à la durée de cet engrais, elle est proportionnelle à la quantité qu'on en met. Employé à petites doses, il est rare que l'effet s'en fasse sentir au-delà de deux ans; à haute dose, l'action peut s'en faire sentir pendant cinq, six et même huit ans.

Les cendres de nos foyers constituent donc un engrais puissant; mais malgré les quantités que l'économie domestique peut produire, nous ne les voyons guère utiliser. Leur prix élevé, par suite de l'emploi qu'en fait l'industrie, y met obstacle, et ce n'est que sous forme de cendres lessivées, vulgairement désignées sous le nom de *charrées*, que l'agriculture doit les employer, parce qu'elle peut se les procurer en quantités notables et à bas prix.

Cendres lessivées ou charrées.

On désigne sous le nom de charrées les cendres qui ont été lessivées, soit pour blanchir le linge, soit pour la fabrication du savon et du salpêtre. Aussi les charrées que le commerce vient livrer à l'agriculture proviennent des trois industries suivantes :

1° Blanchisseurs;
2° Savonniers;
3° Salpétriers.

Ces trois types de charrées, même lorsque la cupidité commerciale ne les a pas allongés de cendres de qualité inférieure, de terre et de sable, peuvent présenter dans leur composition des différences notables, et celles que l'agriculture préfère sont celles fournies par les savonniers. Elles sont, en effet, plus riches en carbonate de chaux.

Voici l'analyse d'une charrée faite par M. Bobierre, de Nantes; 100 parties de charrées desséchées lui ont donné les chiffres suivants :

Matières organiques...........	9	80
Sels alcalins solubles..........	1	05
Silice ou sable................	13	60
Oxide de fer, alumine et phosphate de chaux.............	27	30
Carbonate de chaux...........	47	10
Magnésie et pertes...........	1	15
	100	00

Voici, d'autre part, une analyse faite sur un échantillon de charrées, telles que le commerce de notre localité les livre à l'agriculture. Sur 100 parties desséchées, on a trouvé les chiffres suivants :

Matières organiques...............	11
Sels solubles......................	2
Phosphate, alumine et oxide de fer..	14
Silice ou sable....................	27
Carbone de chaux	46
	100

Ces deux analyses prouvent au cultivateur combien peut varier la composition des charrées qu'il est exposé à employer et lui apprennent aussi que, par le lessivage, les cendres perdent la majeure partie de leurs sels alcalins solubles. Par cela même, les charrées sont moins riches en sels alcalins que les cendres, mais contiennent plus de phosphate et de carbonate de chaux ; de sorte que 100 kilos de charrées contiennent plus de phosphate et de carbonate de chaux que 100 kilos de cendres.

Quoique les charrées soient moins riches en alcalis que les cendres, elles n'en sont pas moins un engrais fort estimé et avec lequel on n'a point à redouter les accidents que peut occasionner aux jeunes plantes l'action corrosive des alcalis.

Leur emploi n'est guère avantageux sur les sols calcaires, mais elles produisent d'excellents effets sur les terres argileuses et compactes. Elles conviennent aussi aux terres tourbeuses et acides, et c'est au moyen du carbonate de chaux qu'elles renferment qu'elles viennent détruire l'acidité de ces sols. Elles conviennent à toutes les cultures ; aux céréales auxquelles on les donne en couvertures; aux prairies naturelles, quelle que soit leur nature, et aux prairies artificielles. C'est un engrais très profitable pour les prés non assolés ; leur emploi offre aussi au cultivateur un moyen économique de maintenir la fertilité de ces cultures, sans addition d'engrais organiques.

La dose moyenne de la charrée est de 25 hectolitres par hectare, l'hectolitre pesant en moyenne 70 à 75 kilos. Toutefois il est convenable d'élever la dose sur les sols très-argileux et de la diminuer sur les sols légers et secs. Dans le nord de la France, on en élève la dose jusqu'à 40 et même 60 hectolitres. En Angleterre, en Hollande, on va jusqu'à 140 et 160 hectolitres. La durée de cet engrais est proportionnelle à la quantité qu'on en répand. La dose de 25 hectolitres dure à peu près 5 ans. On doit donc la renouveler après cette époque.

C'est généralement au printemps que l'on répand les charrées, lorsque la sécheresse n'est pas encore à craindre ; si elles sont bien sèches, on les répand à la main . On peut les enfouir par un léger hersage, ou les laisser à la surface du sol ; l'expérience prouve qu'une petite pluie survenant après leur épandage en favorise les bons effets. On peut les employer seules et sans fumier. On peut aussi alterner leur emploi avec une fumure de fumier ; mais dans les pays où l'on utilise le plus les charrées, on a reconnu que pour les céréales et les plantes industrielles, une demi-fumure de fumier et une demi-fumure faite avec des charrées produisaient des résultats merveilleux.

Il n'est pas sans intérêt ici de faire comprendre aux cultivateurs comment les charrées produisent d'aussi bons effets. Leur analyse ne nous indique guère comme principes fertilisants que du carbonate de chaux, du phosphate de chaux, et un peu de sels alcalins. Mais elles ne contiennent pas d'azote, et nous avons admis la nécessité de la présence de ce corps, pour la formation d'une bonne récolte. Où donc alors notre récolte prendra-t-elle l'azote nécessaire à sa formation, puisque l'engrais qu'on apporte au sol n'en contient pas? Si les charrées ne contiennent pas d'azote, lorsqu'on les répand sur la terre, une fois dans le sol, elles ont la propriété de transformer une partie de l'azote de l'air en nitre ou nitrate, composé azoté, qui, comme nous le verrons plus tard, est un des corps qui présentent à nos plantes l'azote, sous une des formes propres à être assimilées, c'est-à-dire à être utilisées, pour la formation de nos récoltes. C'est ainsi que nous pouvons expliquer les effets heureux des charrées qui tout en ne contenant point d'azote, sont la source d'un composé azoté, aussi convenable à nos récoltes que l'ammoniaque.

Malheureusement cet engrais important est souvent falsifié ; ainsi M. Bobierre a constaté qu'on vend à Nantes, sous le nom de charrées, du sable extrait dans les environs de Saumur. Dans certaines contrées de la Loire et du Calvados, selon M. Malagutti, on exploite des terrres alumineuses ayant l'aspect de la charrée, qu'on introduit comme telles dans le commerce. Les fraudes que nous avons pu constater à Orléans sont l'introduction de cendres de houille dans les charrées. Toutes ces fraudes faites sur un engrais aussi précieux indiquent au cultivateur quelles précautions il devra prendre pour chercher à s'y soustraire. Avant d'en terminer avec les charrées, nous devons dire aux cultivateurs qu'ils ont tort de déposer les charrées de la ferme en tas sur leur fumier. Ils en tireraient un parti plus avantageux, s'ils les mélangeaient bien uniformément. Ils ont encore bien tort de laisser perdre les eaux provenant des lessives. Ces eaux devraient être dirigées dans la fosse à fumier, s'il y en a dans la ferme, ou bien réservées pour arroser des composts faits avec des mauvaises herbes ; ils en faciliteraient la décomposition tout en augmentant leur valeur fertilisante.

Cendres diverses.

Outre les cendres ordinaires de nos foyers et les charrées, notre agriculture peut utiliser encore, suivant les localités, les cendres de tourbe, de houille ou de charbon de terre, de varechs ou de goëmons. Toutes ces cendres, quoiqu'elles puissent rendre quelques services au cultivateur, n'ont rien de comparable dans leurs effets aux cendres ordinaires et aux charrées.

Cendres de tourbe.

Dans les localités où la tourbe remplace le bois, le cultivateur peut se procurer en quantité notable les cendres de ce combustible. Les cendres de tourbe les plus estimées sont de couleur argentine et pèsent en moyenne 50 kilos à l'hectolitre. Si elles sont colorées et plus lourdes, elles sont moins bonnes, car elles ont été allongées de matières terreuses. Elles ne fournissent à l'analyse que des traces d'alcalis, pas de phosphates, beaucoup de silice et du carbonate de chaux. Puisqu'elles contiennent du calcaire, le cultivateur comprendra de suite que leur emploi n'est pas convenable sur les sols calcaires. Comme elles contiennent beaucoup de silice, elles ne sauraient non plus être d'un emploi avantageux sur les sols légers et siliceux. On doit les réserver pour les terrains schisteux granitiques et par-dessus tout pour les terres argileuses, compactes, qu'elles divisent et par cela même qu'elles rendent fertiles. Néanmoins, en raison de la quantité notable de calcaire qu'elles contiennent, elles produisent de très-bons effets sur les trèfles, les luzernes, plantes avides de calcaire. Les prés naturels, ni trop secs ni trop humides, s'en trouvent bien, et on peut même s'en servir avec avantage sur le blé et l'orge, cultivés en terre forte. Enfin elles peuvent encore être utilisées avec avantage pour absorber des liquides fertilisants, tels que purin et urines. La dose à laquelle on les emploie en France est de 40 à 50 hectolitres à l'hectare.

Cendres de houille.

Jadis on ne pouvait guère se procurer des cendres de houille que dans les localités où cette matière est employée, comme combustible, mais l'extension croissante de notre industrie fait qu'aujourd'hui, on peut en trouver facilement des quantités notables, dans tous les centres un peu importants de population. Ces cendres offrent une composition très-variable suivant la nature de la houille qui les fournit. Ainsi les cendres de charbon de St-Etienne sont en grande partie formées d'argile brûlée, de silice sans phosphates et presque sans calcaire. Celles-là ne peuvent guère être employées que comme amendements sur les terres argileuses, compactes, froides et humides. Mais celles de Commentry, que nous avons eu l'occasion d'analyser, sont, au contraire, très-riches en calcaire; le cultivateur pourra donc aussi les employer comme amendements sur les terres argileuses.

Répandues sur les prairies artificielles, elles les fertiliseront en leur apportant une quantité notable de calcaire si nécessaire à ces plantes. Ces cendres sont utilisées depuis longtemps, dans le nord de la France, l'Angleterre, les Pays Bas et la Hollande. Dans nos localités, le cultivateur, qui voudra s'en servir, devra les répandre à la dose de 40 à 50 hectolitres par hectare. Vu d'une manière générale, l'emploi de ces cendres ne saurait dispenser le cultivateur de l'emploi du fumier, et nous devons encore constater qu'à Orléans, malgré leur prix peu élevé et les quantités que peuvent en fournir nos usines, les cultivateurs ne les utilisent pas ; elles sont généralement achetées par le commerce qui les emploie à diminuer la valeur des charrées tout en augmentant leur volume.

Cendres de varechs et de goëmon.

Quoique, comme nous le verrons un peu plus loin, le goëmon, les fucus, les varechs, plantes marines qui croissent sur nos côtes, soient utilisés en entier comme moyen de fertiliser le sol, nous voyons néanmoins que dans certaines localités, afin d'éviter un transport coûteux, on les brûle sur place pour en obtenir les cendres. A cet effet on construit des fosses d'une certaine profondeur et d'une certaine étendue. La partie inférieure de la fosse est garnie d'une grille qu'on charge de ces plantes desséchées et on y met le feu. Les cendres sont riches en alcali, en sel marin et en plâtre. On peut s'en servir pour la culture du sarrasin, du seigle et du froment, à la dose de 20 à 30 hectolitres par hectare. Quelquefois on lessive ces cendres, pour en obtenir la soude ; on a alors une charrée qu'on emploie aussi, mais qui est de peu de valeur. Dans l'île de Noirmoutiers, on prépare un engrais qui porte le nom d'engrais de Noirmoutiers, véritable compost formé de cendres de goëmon, de varechs, de goëmon frais, de sable de mer, de fumier d'étable, de débris végétaux et de différents coquillages. On l'expédie en Bretagne, où il sert pour toute espèce de cultures, même pour les prairies.

Enfin, sous le nom impropre de cendres pyriteuses, de cendres noires de Picardie, on désigne un corps noirâtre, imprégné de matières organiques, formant à la surface du sol des couches plus ou moins épaisses. Ces cendres se trouvent dans les environs de Soissons, La Fère, Noyon ; elles ont une composition assez complexe : elles contiennent, outre des débris de matières organiques fournissant un peu d'azote, du carbonate de chaux, de l'argile, du sulfate de fer, de l'oxide de fer, de la silice et des sulfates acides d'alumine de fer. Ces cendres sont très-avantageuses sur les prairies naturelles et artificielles, en un mot sur tous les sols naturellement calcaires, ou sur ceux que l'on marne ou que l'on chaule souvent. Sur les prairies, il faut les verser à la dose de 15 à 20 hectolitres par hectare. Elles servent aussi très-utilement à la fabrication de composts faits avec de la terre et du fumier. Ces cendres ne se vendent que 50 centimes l'hectolitre, aussi sont-elles considérablement employées par les Flamands et les Hollandais, qui ont soin de les mélanger avec de la chaux, lorsqu'ils s'en servent sur les terres labourables. Le cultivateur qui voudrait les utiliser ne devra pas oublier, que ces cendres étant corrosives, ne doivent point séjourner en tas sur les champs, parce qu'elles brûleraient les plantes ; il devra au contraire les répandre très-uniformément.

CHAPITRE XV.

De la suie.

Après avoir indiqué au cultivateur les avantages importants qu'il peut retirer de l'emploi pratique des cendres ou des charrées, il n'est pas sans intérêt d'examiner aussi la valeur d'une autre matière dont l'origine est la même que celle des cendres, et qui est la *Suie*. En effet, quelle que soit son origine, qu'elle vienne du chauffage de nos habitations ou des cheminées de nos usines, la suie constitue aussi un engrais d'une certaine valeur, présentant au cultivateur le double avantage d'exister dans nos villes, en quantités notables et d'être à bon marché. Pour faire d'abord comprendre au cultivateur la valeur de la suie, comme engrais, il faut lui donner la composition de cette matière. La suie a une composition très-complexe qu'il est inutile d'indiquer ici, mais pour aider l'intelligence du praticien de nos campagnes, nous lui dirons qu'envisagés au point de vue agricole, 100 kilos de suie contiennent :

Eau..................................	12 k.	500 gr.
Matières organiques..................	54	550
Sels alcalins et ammoniacaux.....	10	840
Sulfate, carbonate et ph. de chaux.	22	110
	100	000

Azote en moyenne 2 0/0.

Cette analyse fera comprendre au cultivateur que la suie représente par sa composition une matière organique, pouvant fournir au sol de l'humus, des sels alcalins et du phosphate de chaux, nécessaires à la formation de nos récoltes. Aussi la suie est-elle un bon moyen de fertiliser le sol, jouissant de la propriété de préserver les jeunes plantes des insectes, qui sont enclins à les attaquer. Cette propriété tient probablement à son odeur. Relativement à son emploi, la suie est un engrais qui convient à tous les sols; mais produisant des effets plus avantageux sur les sols graveleux, calcaires, que sur les sols argileux. Les récoltes, dont la suie favorise le plus le développement, sont les prairies naturelles, les céréales et les colzas. Cet engrais est surtout employé en Angleterre et dans le nord de la France, en Normandie, à la dose de 18 hectolitres par hectare sur les jeunes froments et sur les jeunes trèfles. On l'emploie sur les jeunes froments qui sont jaunes au printemps, parce qu'ils ont eu à souffrir de l'hiver. La suie répandue en couvertures ne tarde pas à ranimer leur vigueur et leur fait prendre une belle coloration vert-foncé.

En Flandre, dans les environs de Lille, les cultivateurs la répandent ordinairement, à la dose de 50 hectolitres par hectare, sur les jeunes semis de colza qu'ils destinent à être repiqués. Les Belges s'en servent aussi avec avantage pour éloigner ou faire périr les insectes, qui peuvent détruire les cultures du houblon, au moment des jeunes pousses. L'emploi de la suie, le plus convenable, consiste à la répandre en couverture et au printemps. Le temps qui est le plus propice, pour en faciliter l'action, est un temps calme et humide ; car l'expérience a prouvé que si la suie était répandue par un temps sec et que la sécheresse vînt à se maintenir, non-seulement les bons effets qu'elle peut produire seraient paralysés, mais elle pourrait brûler les jeunes plantes et exercer par cela même une action nuisible. Outre les bons résultats que l'agriculture peut tirer de l'emploi de la suie, comme moyen de fumer le sol, elle peut encore s'en servir avantageusement à la confection de composts. Sa valeur fertilisante, son prix peu élevé de 2 fr. 50 c. l'hectolitre pesant 75 kilos, sa propriété de pouvoir absorber des liquides fertilisants, la rendent trèspropré à un pareil usage. Avant d'en terminer avec cet engrais, il est important que nous persuadions au cultivateur que, quelle que soit l'origine de la suie, elle peut être employée sans distinction. Nous insisterons sur ce point, parce que les cultivateurs méprisent à tort la suie de tourbe ou de houille ; pourtant l'analyse constate que cette dernière est la plus riche en azote, et, à ce point de vue, c'est elle qu'ils devraient au contraire préférer à la suie provenant du bois.

Tourbes.

Quoique le plus généralement la tourbe soit utilisée comme combustible, quoique l'expérience ait appris aux cultivateurs que les sols tourbeux sont de mauvais terrains de production, parce qu'ils sont acides et qu'ils retiennent trop facilement l'eau, néanmoins, le cultivateur n'ignore pas que ces sols peuvent devenir productifs, au moyen du drainage et de forts chaulages. Or, si par l'addition de de la chaux, on peut rendre productif un terrain tourbeux, le cultivateur devra comprendre qu'il faut que la tourbe recèle quelques principes utiles à la végétation ; car quoique la chaux soit un élément nécessaire, indispensable même, cependant il verra très-bien que seule elle ne pourrait suffire au développement d'une récolte.

Tout ceci prouve que si la tourbe dans l'état ou

on l'obtient est impropre à la culture, néanmoins, en lui faisant subir quelques modifications, elle peut offrir certaines ressources au cultivateur, qui parviendrait à s'en procurer à bon marché des quantités notables. Avant d'indiquer les traitements qu'il devra faire subir à la tourbe, pour l'utiliser avec avantage, nous dirons au praticien que, sur 100 kilos, les différentes tourbes présentent en moyenne la composition suivante :

Matières organiques...............	82 kil.
Cendres ou substances minérales....	18
	100

Les 18 °/° de matières minérales ne représentent guère de valeur fertilisante, car elles sont formées de carbonate de chaux, d'alumine, d'oxide de fer et de silice, sans traces de phosphate de chaux. Ce n'est donc point aux matières minérales, que contient la tourbe, que nous devons nous attacher ici. Le seul rôle qu'elles puissent remplir, ce serait tout au plus d'amender le sol. Mais les 82 °/° de matières organiques représentent à peu près 1 kil. d'azote. C'est donc déjà un principe très-utile à la végétation, mais en outre ces matières organiques sont de l'humus tout formé. C'est ce que constatent toutes les recherches des hommes les plus compétents sur cette matière, Gasparin, Malagutti, Bobierre ; seulement cet humus est acide et par cela même improductif. Si donc, nous détruisons cet acide au moyen de la chaux, des cendres ou de l'ammoniaque, nous arriverons à transformer l'humus acide de la tourbe, en un humus doux, c'est-à-dire en un des corps les plus utiles à la fertilité de nos terres maigres et épuisées, de ce que les cultivateurs appellent le terreau. Tel est le principe qui doit guider nos cultivateurs pour utiliser avantageusement la tourbe. Mais voyons comment on peut l'utiliser dans la pratique. Les bons fermiers écossais et irlandais l'emploient de la manière suivante: Ils la mélangent bien exactement dans la proportion de 2,500 kilos de tourbe et 1,000 kilos de fumier ; ils laissent le tout fermenter pendant quelque temps et s'en servent ainsi comme engrais. D'autres cultivateurs arrivent à transformer la tourbe en un bon engrais, en l'arrosant de jus de fumier et d'urines. Tous ces corps, en effet, recèlent des matières azotées qui produiront en se décomposant de l'ammoniaque, destiné à détruire le principe acide de la tourbe.

Les cultivateurs pourront l'utiliser encore des deux manières suivantes : Soit en employant la tourbe comme litière terreuse, ou bien en la mettant dans l'emplacement de leur fumier, dans les cours. Par ce moyen, non-seulement ils arriveront à transformer la tourbe en un engrais ; mais ils auront encore l'avantage de faire absorber facilement les urines des animaux, leur purin, en un mot d'augmenter d'une manière notable le volume et la valeur de leur fumier. En résumé, la tourbe employée judicieusement offre à l'agriculteur qui pourra s'en procurer, un moyen simple et économique de fournir aux sols maigres et épuisés par la culture l'humus nécessaire au développement de nouvelles récoltes.

Du goëmon, varech ou plantes marines.

Nous avons déjà indiqué au cultivateur les avantages importants qu'il pourrait retirer de cultures spéciales, destinées à être enfouies en vert, comme moyen de suppléer à l'insuffisance du fumier. C'est pour remplir le même but que nous voyons, sur nos côtes, les cultivateurs utiliser, depuis les temps les plus reculés, diverses plantes marines ; usage qui s'est généralisé sur les côtes, puisque nous le retrouvons en pleine vigueur en Ecosse, en Irlande et même en Italie. Ces plantes marines sont désignées sous le nom de goëmons ou de varechs. Elles sont le plus ordinairement attachées aux rochers ; mais cependant détachées quelquefois par les vagues de la mer, elles sont ramassées sur la plage. Ce sont ces plantes que recherchent avec avidité les cultivateurs de nos côtes. Elles sont en effet pour eux une ressource des plus importantes, et leur permettent de maintenir la fertilité de leurs sols. La récolte de ces plantes n'est permise qu'à une certaine époque de l'année, parce que les poissons viennent y déposer leur frai, et l'administration ne permet de les enlever qu'après l'éclosion des œufs. Ces plantes marines arrachées du flanc des rochers et comprimées pour en retirer la plus grande partie de l'eau qu'elles retiennent, ont donné à M. Morand le composition suivante sur 100 parties :

Eau	29	00
Sel marin	4	00
Sels solubles	1	58
Matières organiques	61	14
Matières minérales insolubles	3	00
Azote	1	28
	100	00

Cette analyse nous démontre que ces plantes contiennent dans cet état une proportion d'azote bien supérieure à celle du fumier, plus des sels de potasse et de soude qui s'élèvent, y compris le sel marin, au chiffre de 5 à 6 $_0/^0$ de leur poids.

Quoique leur emploi soit limité aux localités qui avoisinent nos côtes, il n'est pas sans intérêt d'indiquer au cultivateur comment on les utilise, afin de lui faire comprendre qu'il doit tout faire, pour employer les ressources, que peuvent lui procurer les localités qu'il habite.

Relativement à leur emploi, les cultivateurs de nos côtes font la distinction suivante : goëmon *d'échouage* et goëmon de *rochers*. Le goëmon d'échouage est celui qui détaché par les vagues a été ramassé sur la plage. Celui-là, ils ne l'emploient pas directement pour fumer le sol, ils le font servir d'abord de litière à leur bétail. Les goëmons qu'ils détachent des rochers sont généralement enfouis de suite. Si le temps ne permet pas qu'il en soit ainsi, ils le font dessécher ou bien s'en servent à la confection de composts, faits avec du fumier, de la terre et du sable de mer. Les cultures que paraît favoriser le goëmon sont les céréales, les pommes-de-terre et par dessus tout le lin. Il augmente en effet la quantité et la qualité de filasse que peut fournir cette plante. Lorsqu'on l'enfouit en vert, on en met de 15 à 20 mètres cubes, par hectare. Dans cet état, son action est prompte, énergique et ne dure pas au-delà d'une année. Employé à l'état sec, quoiqu'on en porte la dose jusqu'à 60 ou 80 mètres cubes, son action est moins rapide, mais de plus longue durée.

Végétaux divers et feuilles.

Ce que nous venons d'énoncer sur l'emploi du goëmon, démontre au praticien de nos campagnes qu'il ne doit point négliger, comme moyen de fumer son sol, l'emploi de diverses feuilles ou plantes, toutes les fois qu'il sera à même de s'en procurer facilement; mais il ne suffit pas encore qu'il ait à sa disposition ces matières végétales, il faut encore qu'il sache les utiliser avantageusement. S'il suffit parfois d'enfouir en vert certaines plantes à tissus lâches et dont la décomposition est rapide et facile, telles que celles qu'on cultive généralement pour l'enfouissement, il n'en est plus de même pour certaines plantes ou parties de plantes, qui ont une texture plus dure et par cela même d'une décomposition plus difficile. Telles sont les feuilles de chêne, de peuplier, d'orme, d'acacia et de hêtre.

Tels sont encore les fougères, les bruyères, les roseaux, les feuilles et les rameaux du buis. Toutes ces plantes pourront servir utilement aux besoins de nos cultures ; mais il est nécessaire de les amener à un état de décomposition particulier. Le premier moyen que pourra employer le cultivateur pour utiliser les feuilles, les roseaux, les bruyères et les fougères consisterait à les employer comme litières. Ces matières végétales s'imprégneraient des déjections animales qui en détruiraient le tannin, tout en les amenant à un état de décomposition, propre à servir à l'alimentation de nos récoltes. Le second moyen consisterait à les disposer par couches, avec un peu de chaux éteinte et de terre, et à les arroser d'urines ou de jus de fumier ; et on ne tarderait pas à les transformer ainsi en engrais d'une valeur et d'une utilité précieuses. Quant aux jeunes pousses et aux feuilles de buis, dans les localités où l'on en trouve en quantités notables, pour les utiliser on se contente de les faire écraser sous les pieds des animaux ; mais le raisonnement nous indique que si on suivait pour leur emploi les moyens que nous venons d'indiquer, on en obtiendrait de meilleurs résultats.

Engrais Jauffret.

Un engrais qui a quelque analogie avec le fumier, qui a rendu et peut rendre encore les plus grands services à l'agriculture des pays pauvres, c'est l'engrais Jauffret, ainsi appelé du nom d'un homme désigné dans les ouvrages d'agriculture, sous le nom justement mérité d'apôtre et de martyr des engrais. Jauffret mourut en effet dans la misère, abreuvé d'amertume et de déceptions, victime de son dévoûment à l'agriculture, après avoir doté son pays d'un engrais précieux, et d'un moyen simple et facile de relever la fertilité du sol.

Jauffret naquit en Provence ; ce pays manquait alors de fourrages, les cultivateurs de ces localités ne pouvaient par cela même avoir de bestiaux ni d'engrais. Auprès de ces terres pauvres et épuisées, se trouvaient de vastes espaces de terrains couverts de végétaux sauvages, d'arbustes et de roseaux. Précédemment les habitans de ces contrées recueillaient ces plantes diverses, les entassaient, les humectaient d'eau pour en provoquer la fermentation et les employaient comme engrais. Cette méthode, quoique incomplète, était déjà parfaitement rationnelle. Elle fournissait bien aux récoltes l'humus qui leur est nécessaire, mais elle était insuffisante à leur procurer les aliments nécessaires à leur nutrition.

Puisque ces plantes sauvages n'avaient pas les mêmes besoins, elles ne pouvaient contenir ces substances en quantité suffisante. Jauffret comprit-il cette idée ; ce qu'il y a de certain, c'est qu'il perfectionna la méthode employée jusqu'à son époque, c'est qu'il vint compléter l'engrais en substituant à l'eau une lessive composée de fumiers animaux et qu'il apporta, en outre, différentes matières salines minérales, telles que le salpêtre, la suie, les cendres et le plâtre. — Voici comment il préparait son engrais. Il commençait par établir un liquide fermentescible qu'il désignait sous le nom de levain d'engrais, au moyen des matières suivantes :

Cent kilos de matières fécales et urines ; 25 kilos de suie de cheminée ; 200 kilos de plâtre en poudre ; 30 kilos de chaux vive ; 10 kilos de cendres de bois non lessivées ; 0,500 gr. de sel marin ; 0,320 gr. de salpêtre ; 25 kilos de levain d'engrais ou jus de fumier provenant d'une opération précédente, qu'il remplaçait par 25 kilos de gadoue à volonté.

Toutes ces matières étaient délayées dans un bassin avec une quantité d'eau suffisante pour former 10 hectolitres de levain.

D'autre part, il disposait en meule, sur une surface plane, 500 kilos de pailles ou 1,000 kilos de plantes herbacées de toutes sortes, roseaux, bruyères, genêts, etc. Il arrosait cette meule avec sa lessive ; bientôt la fermentation s'emparait de la masse, et au bout de quinze jours seulement le tout était transformé en un engrais, propre à être employé sur les terres fortes et dont le poids s'élevait à environ 2,000 kilos. Si l'engrais devait être employé sur des prairies, il laissait la fermentation marcher pendant un mois. Jauffret modifia d'abord cette première recette pour les plantes ligneuses, telles que pailles de colza et cossettes de colza; mais on peut arriver au même résultat en hachant et broyant toutes les matières qui sont trop ligneuses, de manière à ce qu'elles soient facilement pénétrées par le levain. Enfin, dans le but probablement de rendre son procédé applicable, suivant les ressources des différentes localités, il indiqua de remplacer les 100 kilos de matières fécales par 25 kilos de grains d'orge, de lupin ou de sarrasin, ou 125 kil. de fiente de cheval, bœuf, vache ou porc, ou 50 kil. de crottins de mouton ; 50 kilos de suie peuvent être encore remplacés par 50 kilos de terre cuite; 200 kil. de plâtre par 200 kilos de limon de rivière, marne, vases de toute nature ; 10 kilos de cendres par 1 kil. de potasse ; 500 grammes de sel par 50 litres d'eau de mer.

Telle est la méthode de Jauffret. N'est-elle pas doublement rationnelle ? Amener par une fermentation rapide toutes les matières herbacées que fournissent les localités pauvres de culture à un état où elles présenteront à nos récoltes les éléments que ces matières herbacées peuvent contenir et sous la forme la plus convenable, par l'addition de cendres, de matières fécales, etc., n'a-t-elle pas pour but d'apporter à l'engrais des principes azotés, alcalins et phosphatés qui lui sont nécessaires pour former un bon engrais.

Jauffret par sa méthode remplissait certainement le but qu'il s'était proposé : doter son pays, sans le concours des bestiaux, d'un engrais complet et suppléer ainsi au manque de fumier ordinaire et utiliser, de la manière la plus avantageuse, une foule de mauvaises plantes, que nous voyons trop souvent rester sans emploi. On a raillé le pauvre Jauffret; on lui a reproché de ne pas avoir inventé la science des engrais! n'est-ce pas pénible à dire? car quel que soit le mérite d'un homme, quelle que soit sa condition, s'il consacre son intelligence et son travail à doter son pays des moyens d'augmenter sa production, n'a-t-il pas au moins droit à la reconnaissance publique?

Certes! bien des idées moins heureuses ont été mieux récompensées. Car en admettant, et c'est la vérité, que la méthode de Jauffret ne fût pas entièrement neuve, puis qu'on en trouve le germe dans beaucoup d'ouvrages d'agriculture écrits avant lui, en admettant que cette méthode qui donne un engrais plus cher que le fumier ordinaire, ne puisse guère servir pour les localités, où les terrains sont fertiles et la culture avancée ; néanmoins elle a produit les meilleurs résultats dans tous les pays pauvres, et il ne faut pas douter que si cette méthode était pratiquée avec intelligence par nos cultivateurs de Sologne, elle leur donnerait le moyen de remettre en culture bon nombre de vieilles terres épuisées. Il ne leur faut pour cela que du travail et de l'énergie, car ce ne sont pas les mauvaises herbes qui font défaut. Les bruyères, les ajoncs, les fougères, les digitales ne manquent pas non plus à ces localités.

Il suffit qu'un seul homme propage les idées du paysan provençal et se mette à l'œuvre pour que son exemple ne tarde pas à être suivi.

De l'Azote et de son rôle dans la végétation.

Nous terminons aujourd'hui l'étude des principaux engrais fournis par les végétaux. Nous avons toujours comparé la valeur des principaux engrais que nous avons examinés, au fumier de ferme, qui est le principal engrais du cultivateur. Cette comparaison, nous l'avons toujours faite au point de vue de la richesse en azote; en agissant ainsi nous nous sommes conformés aux habitudes admises par tout le monde. Mais le cultivateur, qui aura l'occasion de nous lire, pourrait se demander pourquoi cette préférence accordée à l'azote et si ce principe est plus indispensable à la vie de ses récoltes que les autres éléments qui les forment. Nous avons donc à bien faire comprendre au cultivateur le motif qui nous a fait agir ainsi ; en un mot à justifier la préférence que nous avons accordée à l'azote.

Que le cultivateur se persuade donc bien qu'en principe l'azote n'est pas plus indispensable à l'existence des plantes, qui forment ses récoltes, que les phosphates, que les alcalis, en un mot que toutes les matières qui les constituent. Mais la préférence que nous avons donnée à l'azote tient au but même que poursuit notre agriculture. En effet, le but de la culture n'est pas seulement de viser à développer des récoltes, mais bien des récoltes fournissant des graines nourrissantes et des fourrages plantureux ; alors le cultivateur n'aura qu'à se rappeler ce que nous avons dit : que la valeur nutritive d'une graine, d'un fourrage, d'une substance alimentaire quelconque, est proportionnelle à la quantité de matières azotées, que contiennent cette graine, ce fourrage ou cette substance alimentaire, et pour former en abondance des matières azotées nutritives, quel peut être le corps le plus indispensable, si ce n'est l'azote ? Cela est si vrai, que si l'on vient à rechercher par l'analyse la quantité de gluten ou de matière azotée nutritive, que contiendront à poids égal deux blés venus sur un même sol, mais dont une partie a été fumée, avec un certain poids de fumier de mouton, riche en azote, et l'autre partie avec un poids égal de fumier de vache pauvre en azote, nous pouvons être certains que, de ces deux blés, celui qui contiendra le plus de gluten ou de matière azotée nutritive, sera le blé venu sur la partie fumée avec du fumier de mouton plus riche en azote. Cela est si vrai encore, que les fabricants de sucre méprisent les betteraves venues sur un sol fumé avec le guano, engrais riche en azote. C'est qu'en effet, le guano a donné des betteraves plus riches en matières azotées et par cela même plus nutritives, mais moins riche en matières sucrées, et par conséquent donnant à l'industrie sucrière des bénéfices moins avantageux. Cela suffira certainement pour justifier aux yeux du cultivateur la préférence que nous avons accordée à l'azote; c'est parce qu'il est l'élément essentiel à la formation des matières nutritives, but principal de la culture.

Nous avons examiné, dans ce second volume, tous les engrais provenant de l'homme, des animaux et des végétaux.

Dans le tome troisième, nous étudierons les engrais minéraux, les composts, les défrichements, le drainage et les irrigations.

FIN DU TOME SECOND.

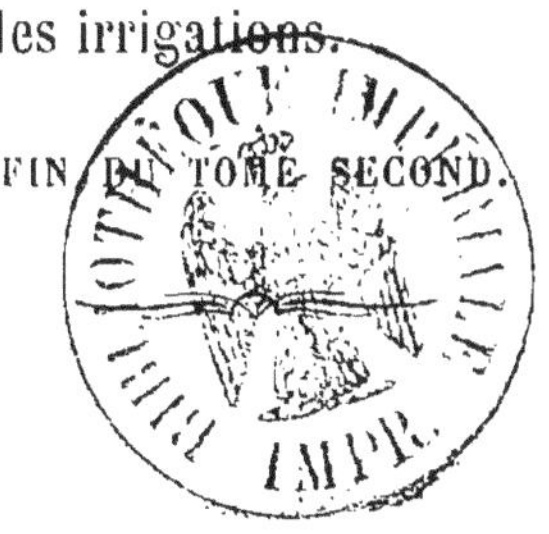

TABLE DES MATIÈRES

CONTENUES DANS LE TOME SECOND.

Pages.

CHAPITRE Ier. — Des Engrais en général.......... 1
Valeur des engrais.................. 10
Classification des engrais 14

CHAP. II. — Engrais provenant des animaux et des végétaux......................... 18
1° Nature des litières 21
2° Influence du régime alimentaire des animaux sur la valeur et sur la quantité du fumier.................... 27

CHAP. III. — Influence de la construction des étables sur la production du fumier.... 32
Conservation du fumier........... ... 35
Conservation dans des fosses......... 43

CHAP. IV. — Composition et emploi du fumier.... 46
Emploi du fumier................... 49
Fumier de mouton.................. 57
— de cheval............. 58
— de vache et de bœuf, de porc.. 59

Pages.

Chap. V. — Engrais fourni par l'homme et les animaux 61
1° Déjections des animaux 62
Du parcage des moutons 66
2° Déjections de l'homme 69
Urine humaine 70

Chap. VI. — Déjections solides de l'homme 76
De l'emploi des déjections 82
De la poudrette 84
Emploi de la poudrette 87

Chap. VII. — Sang, chair des animaux, os 89
Chair des animaux morts 94
Emploi de la chair desséchée 97
Os des animaux 98
Emploi de la poudre d'os 101
Os dégélatinisés 102
Os acidifiés 103

Chap. VIII. — Noir animal 107
Emploi des noirs dans les défrichements de la Sologne 113
Mode d'action des noirs sur les défrichements 115
Falsifications des noirs 119

Chap. IX. — Marcs de colle, pains de creton, laines, cornes, plumes et poils, cheveux 121
Marcs de colle 122
Creton ou pain de creton 124
Chiffons de laine, déchets de laine, tontisses de drap 125

Pages.

Chiffons de laine 126
Déchets de la laine.................. 129
Cornes et ergots...... 132
Poils et cheveux.................. 134
Plumes........... 135
Débris de poissons, poissons pourris .. 139

Chap. X. — Guanos...................... 138
Guano du Pérou (îles Chinchas)....... 143
Guano du Chili.................. 144
Guano de Bolivie, Guano d'Afrique.. . 145
Guanos Jarvis et Baker. 146
Emploi du Guano.................. 148
Falsification des guanos du Pérou..... 151
Colombine...................... 152
Poulaite ou fiente de poules......... 154

Chap. XI. — Engrais fournis par les végétaux.... 155
Enfouissement des récoltes en vert.... 157
Enfouissement des prairies........... 166

Chap. XII. — Marcs de raisins et de fruits, etc. 170-171
Marcs de pommes. 174
Résidus des brasseries............... 176
Touraillons d'orge................ 177
Résidus des féculeries.............. 178
Résidus des sucreries et distilleries.... 179
Résidus des tanneries............... 182

Chap. XIII. — Marcs ou tourteaux de graines..... 185
Emploi des tourteaux dans l'alimentation du bétail.................. 189
Emploi des tourteaux comme engrais.. 191

Pages.

Chap. XIV. — Cendres de bois, charrées, cendres diverses........................ 199
Cendres lessivées ou charrées........ 204
Cendres diverses.................... 209
Cendres de tourbe................. 210
Cendres de houille................. 211
Cendres de varechs et de goëmon..... 212

Chap. XV. — De la suie....................... 215
Tourbes........ 218
Du goëmon, varech ou plantes marines. 221
Végétaux divers et feuilles........... 223
Engrais Jauffret.................... 225
De l'azote et de son rôle dans la végétation........................ 229

FIN DU TOME SECOND.

Par décision du 5 mars 1863, M. le Ministre de l'Agriculture, du Commerce et des Travaux publics a accordé, sur la proposition de M. le Préfet du Loiret, une médaille d'or à chacun des auteurs de cet ouvrage.

RÉGLEMENTATION

DU

COMMERCE DES ENGRAIS

DANS LE DÉPARTEMENT DU LOIRET.

ARRÊTÉ DU 7 JUILLET 1856.

Nous, Préfet du département du Loiret, Officier de l'Ordre impérial de la Légion-d'honneur, etc.,

Vu le vœu exprimé par le Conseil général du Loiret, pour que des mesures soient prises afin de prévenir et de réprimer les fraudes qui se commettent dans le commerce des engrais industriels ;

Vu les avis des Chambres consultatives d'agriculture du département ;

Vu les lois des 23 septembre et 14 décembre 1789, 16 24 août 1790 ; la loi du 18 juillet 1837 ; les art. 423, 471 et suivans du Code pénal ;

Considérant que le commerce des engrais donne lieu, au préjudice de l'agriculture, à des spéculations frauduleuses qu'il est du devoir de l'administration d'arrêter et de prévenir, sans toutefois porter atteinte à la liberté commerciale et aux progrès industriels ;

ARRÊTONS :

ART. 1er. Tout commerçant ou fabricant, vendant des matières quelconques, désignées comme propres à fertiliser la terre, ou tout dépositaire ou préposé à cette vente, devra inscrire, sans abréviation et en gros caractères, sur un écriteau placé à la porte de chacun de ses magasins, sur le tas ou le récipient de la substance mise en vente, le nom de l'engrais qu'il débite et la quantité des éléments qui le composent, déterminés par l'analyse dont il sera parlé ci-après (1).

ART. 2. Si plusieurs espèces d'engrais sont contenues dans un magasin ou dépôt, chacune d'elles devra être renfermée dans une case distincte, entièrement séparée des autres, et portant sur un écriteau le nom particulier de l'engrais (2).

(1-2). Abrogé. *Voir* ci-après l'art. 1er de l'arrêté du 1er août 1860.

Art. 3. Dans les quinze jours qui suivront la publication du présent arrêté, les personnes désignées dans l'art. 1er devront faire, à la mairie de la commune où sont établis ces magasins ou dépôts, une déclaration contenant les énonciations portées dans l'art. 7 ci-après.

Art. 4. Aucun marchand ou fabricant ne pourra commencer à l'avenir l'exercice de ce commerce dans le département, qu'après l'accomplissement des dispositions prescrites aux articles précédents.

Art. 5. Les noms déjà connus dans le commerce ne pourront être appliqués qu'aux matières qu'ils désignent habituellement, et celles-ci ne pourront être déclarées ni vendues sous aucune autre dénomination.

Art. 6. La déclaration prescrite sera effectuée pour chaque nature d'engrais entrée dans les magasins.

Art. 7. Un registre sera ouvert à la municipalité de la commune du lieu du dépôt.

Ce registre contiendra :

1° La date de la déclaration ;
2° Le nom, la profession et la demeure du déclarant ;
3° La situation du local où le dépôt est effectué ;
4° La nature de chacun des engrais qui y sont contenus ;
5° Le lieu de leur provenance ;
6° La date de l'entrée en magasin ;
7° Le nom et la demeure du producteur marchand ou fabricant.

Art. 8. Aussitôt qu'un Maire aura reçu la déclaration mentionnée ci-dessus, il se transportera au dépôt, ou y enverra le Commissaire de police ou tout autre délégué.

Deux échantillons, du poids de deux cents à deux cent cinquante grammes de chacune des espèces et qualités déclarées par le débitant, seront pris sur les tas destinés à être mis en vente.

Ils devront être renfermés dans des flacons.

Ces flacons seront bouchés, cachetés et étiquetés; l'étiquette portera le nom de la substance, ainsi que la signature du fabricant, marchand ou dépositaire, et celle du Maire ou de son délégué.

Art. 9. L'un des échantillons ainsi préparés sera laissé entre les mains du marchand ; l'autre sera immédiatement envoyé à la Sous-Préfecture ou à la Préfecture, pour être soumis à l'Ingénieur des mines chargé d'en faire l'analyse.

Art. 10. Le procès-verbal de l'analyse fera connaître :

1° Le degré de pureté de l'engrais et sa richesse en principes fertilisants ;

2° Dans le cas où il contiendrait un mélange de matières fertilisantes et inertes, la proportion de ce mélange ;

3° Le texte de l'inscription à porter désormais sur les écriteaux, enseignes et factures, sans que le marchand puisse modifier ni changer cette désignation.

Art. 11. Extrait du rapport sur l'analyse opérée sera transmis, par notre intermédiaire, au Maire de la commune. Ce dernier le fera déposer, après en avoir délivré au marchand une copie certifiée, au secrétariat de la Mairie, où chacun pourra le consulter.

Art. 12. MM. les Maires et les Commissaires de police visiteront ou feront visiter fréquemment, surtout au temps habituel des ventes, les magasins ou dépôts d'engrais, afin de s'assurer de l'observation des dispositions ci-dessus prescrites et de dresser procès-verbal des contraventions.

En outre, soit d'office, soit sur la réquisition d'un acheteur, chaque Maire aura toujours la faculté de prélever, ou de faire prélever par son délégué, un nouvel échantillon, en présence du marchand ou de son représentant. Dans ce cas, il sera procédé à la clôture du flacon, ainsi qu'il est prescrit aux articles 8 et 9 ci-dessus.

En cas de refus le fonctionnaire requérant dressera procès-verbal de son opération.

Cet acte et les échantillons qui y seront annexés seront transmis à l'Ingénieur des mines, afin qu'il soit procédé à de nouvelles analyses avec les formalités déjà prescrites.

Art. 13. Si le résultat d'une analyse constate une altération notable sur la qualité de l'engrais, les pièces seront transmises à M. le Procureur Impérial. (Art. 423 du code pénal, modifié par la loi du 1er avril 1851.)

Art. 14. La plus grande publicité sera donnée au résultat de l'analyse et aux jugements qui pourraient intervenir.

Art. 15. Les contraventions au présent arrêté seront poursuivies et réprimées conformément aux lois.

Fait à Orléans, le 7 juillet 1856.

Le Préfet du Loiret,
BOSELLI.

Par arrêté du 1er août 1860, l'arrêté précédent a été modifié en ces termes :

ARRÊTÉ DU 1er AOUT 1860.

Art. 1er. Les art. 1er et 2 de l'arrêté du 7 juillet 1856 sont modifiés ainsi qu'il suit :

1° Tout commerçant ou fabricant vendant des matières quelconques désignées comme propres à fertiliser la terre, tout dépositaire ou préposé à cette vente, devra écrire sans abréviations et en gros caractères sur un écriteau placé à la porte de chacun de ses magasins, sur le tas ou le récipient de la substance mise en vente, le nom de l'engrais qu'il débite, la quantité des éléments qui le composent et surtout de ceux qui en font la richesse, tels que l'azote et le phosphate, en expliquant si ces quantités ont été prises à l'état sec ou à l'état humide, et en donnant approximativement le rapport entre le poids et le volume de l'engrais vendu à la mesure.

Les énonciations à porter sur l'écriteau devront être reproduites sur les factures que le vendeur sera tenu de donner à l'acheteur.

2° Si plusieurs espèces d'engrais sont contenues dans un magasin ou dépôt, chacune d'elles devra être renfermée dans une case distincte et portant sur un écriteau les différentes indications mentionnées à l'article qui précède.

Art. 2. Un délai de quinze jours est accordé aux fabricants, marchands et dépositaires d'engrais, dans ce département, pour se conformer aux prescriptions du présent arrêté.

Art. 3. L'arrêté du 7 juillet 1856 est maintenu en tout ce qui n'est pas contraire aux dispositions qui précèdent.

Orléans, le 1er août 1860.

Le Préfet du Loiret,
LE PROVOST DE LAUNAY.

www.ingramcontent.com/pod-product-compliance
Lightning Source LLC
Chambersburg PA
CBHW071646200326
41519CB00012BA/2415

* 9 7 8 2 0 1 9 5 7 3 5 3 9 *